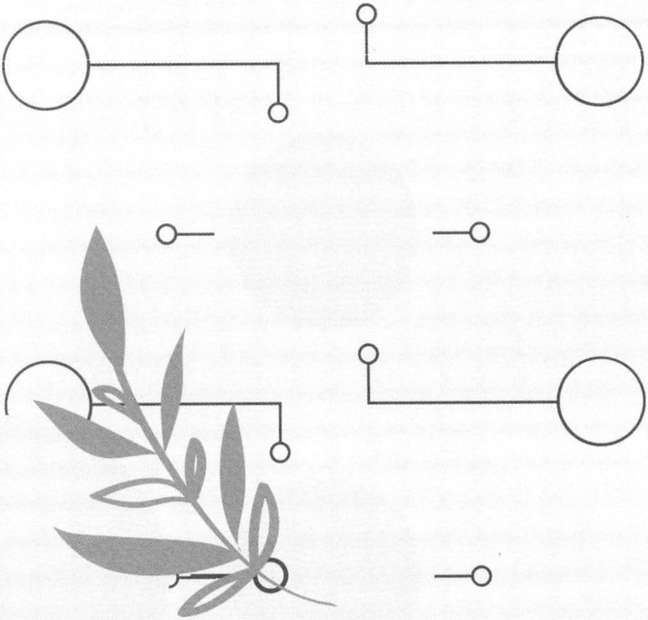

农业机械实用技术问答

NONGYE JIXIE SHIYONG JISHU WENDA

俞成乾　编著

甘肃科学技术出版社

图书在版编目(CIP)数据

农业机械实用技术问答 / 俞成乾编著. --兰州 : 甘肃科学技术出版社, 2019.12
ISBN 978-7-5424-2728-1

Ⅰ. ①农… Ⅱ. ①俞… Ⅲ. ①农业机械一问题解答 Ⅳ. ①S22-44

中国版本图书馆CIP数据核字(2020)第013236号

农业机械实用技术问答

俞成乾 编著

责任编辑 杨丽丽
封面设计 陈妮娜

出　版 甘肃科学技术出版社
社　址 兰州市读者大道568号 730030
网　址 www.gskejipress.com
电　话 0931—8121236（编辑部） 0931-8773237（发行部）
京东官方旗舰店 https://mall.jd.com/index-655807.html

发　行 甘肃科学技术出版社 印　刷 甘肃发展印刷公司
开　本 880mm×1230mm 1/32 印　张 9 字　数 220千
版　次 2020年11月第1版
印　次 2020年11月第1次印刷
印　数 1~2300
书　号 ISBN 978-7-5424-2728-1 定　价 39.00元

前　言

近年来，我国农机化发展很快，各类农机具的社会保有量猛增，农业机械化程度迅速提高，农业生产方式已步入以机械化为主的新时代，目前，活跃在农村的数千万农机手，已成为发展现代农业的中坚力量。广大农民的使用维修技术水平亟待普及和提高。

为了普及农机化知识，提高广大农机手的业务素质，安全、高效、优质地为农业生产服务，编写了本书。本书主要介绍了常用农业机械的使用调整维修保养及安全操作技术等方面的知识，内容丰富、通俗易懂，具有理论联系实际、针对性、实用性强的特点，可帮助农业机械使用及相关的从业人员学习掌握十四大类常用农业机械安装调试、维护保养、故障排除和安全操作等实用技术。掌握这些农业机械的关键使用技术，就能有效地提高作业效率，降低使用成本。

由于编者水平所限，加之时间仓促，书中错误和不足在所难免，恳请广大读者批评指正。

内容提要

本书详细介绍了耕整地机械、种植施肥机械、田间管理机械、收获机械、收获后处理机械、农产品初加工机械、农用搬运机械、排灌机械、畜牧机械、水产机械、农业废弃物利用处理设备、农田基本建设机械、设施农业设备及动力机械等十四大类机械的安装调整、维护保养、故障排除和安全操作技术。既可作为高素质农民培育的培训教材，也可供农机操作人员、维修人员、农机推广、安全监理、农民培训机构以及农机专业户学习参考。

目　录

一、耕整地机械

1. 耕整地机械的分类有哪些?

耕整地机械按作业环节分为:耕地机械和整地机械。按耕作的基本原理分为:铧式犁、圆盘犁、旋耕机和深松机。按与拖拉机的挂结方式分为:牵引式、悬挂式和半悬挂式。按工作部件驱动方式分为牵引型和驱动型。按用途不同可分为:旱地犁、水田犁、山地犁。整地机械包括各种耙、镇压器、平地机械及开沟作畦机械等。耕地机械有:铧式犁、翻转犁、圆盘犁、旋耕机、耕整机、微耕机、开沟机(器)、浅松机、深松机、浅耕深松机、机滚船、机耕船、联合整地机、复式犁、悬挂犁。整地机械有:钉齿耙、弹齿耙、圆盘耙、滚子耙、驱动耙、起垄机、镇压器、合墒器、灭茬机。

2. 深耕机械化技术的使用要领和技术要求有哪些?

(1)使用要领和技术要求。应用深耕机械化技术,要坚持适时、合理的原则。夏季作物收获后夏闲地的深耕,一般应在当地雨季开始之际,伏耕要早,不能错过雨季。秋季作物收获后的深耕,一般应在作物收获后抓紧进行。总之,深耕的时间是伏耕优于秋耕、早耕优于迟耕、春耕不宜深耕。耕地的适宜深度与土壤和气候等条件密切相关。黑土、黏土、盐碱土宜深耕;土层薄、心土有卵石层、砂僵层或白浆层时,则采用上翻下松的办法加深耕层;雨季前耕翻,可加大耕深。翻耕后持续干旱,则耕深宜适当浅些。一般耕深为18~25厘米,较深可达30~45厘米。

(2)注意事项。注意机具的合理配备,耕层浅的土地,要逐年加深耕层,切勿将生土层翻入耕层;深耕的同时应配合施有机肥,利于培肥地力;深耕的周期一般是2~3年深耕1次。

3.铧式犁的主要工作部件是什么?起什么作用?

主犁体是铧式犁的主要工作部件,不论是牵引犁、悬挂犁,还是半悬挂犁,都安装有主犁体。主犁体的工作面具有在垂直方向和水平方向切开土壤并进行翻土、碎土的作用。为保证耕地质量,还可根据耕作要求及土壤情况,在主犁体的前面安装小前犁,在最后的主犁体侧面安装圆犁刀,在每个主犁体后面安装深松铲等附件。主犁体由犁铲、犁壁、犁侧板、犁托和犁柱等组成。犁铲和犁壁构成犁体的工作面(简称犁体工作面或犁曲面),犁的切土、翻土和碎土都由工作面来完成。犁侧板用来支持犁体并承受犁体工作时向右翻土所产生的侧压力,依靠紧压在沟墙而平衡。犁托是一个连接件,用来固定犁铲、犁壁和犁侧板。犁柱也是一个连接件,其下端固定在犁托上,上端与犁架固定连接。

4.牵引犁的耕深如何调整?

牵引犁多采用液压起落机构,用于升降犁。耕深的调整就是通过移动活塞杆上卡箍的位置来实现。试耕调整时,先大致调好卡箍位置,随着犁下降到一定耕深时,卡箍推动油缸顶部的定位阀,把油缸内出油口堵死,犁就不再下降,保持此耕深。向左移动卡箍,耕深加大,反之,耕深则浅。

5.悬挂犁的耕深如何调整?

悬挂犁的耕深调整因拖拉机液压系统的不同而不同。分置式液压系统是通过改变犁的限深轮的高低位置调节耕深。这时,拖拉机上液压系统的操纵手柄必须放在浮动位置。力调节的液压系统,可由拖拉机上的耕深调节手柄调节耕深。手柄向下,耕深增加;反之,则耕深减小。当耕深调节合适后,应将手柄固定。

耕深调整时,会影响犁的前后水平。所以,调节耕深后,可视犁架的前后水平情况,相应地调节上拉杆的长度。

6. 手扶拖拉机双铧犁如何调整?

(1)耕深调整:通过耕深调节螺杆进行调整,顺时针方向旋转调节螺杆,前犁上升,耕深变浅。反之,则耕深增加。

(2)机组行驶直线性的调整:为了保证机组的直线行驶,需要调节牵引架上的左右两个螺钉。作业中,若机组向左偏,则松开紧固螺母,放长左边的螺钉,缩短右边的螺钉;反之,则做相反的调整。

(3)犁体曲面的调整:栅条犁犁体曲面的陡缓和扭曲程度,可以通过将叉头插入栅条调节板的不同孔中进行调节。犁体曲面陡,碎土性能好;反之,碎土性能差。犁体曲面扭曲程度大,翻土性能好,反之,翻土断条、架空的情况出现多。

7. 犁耕作业时重耕和漏耕如何调节?

犁耕作业时重耕和漏耕通过调节牵引角度来实现。当作业时,实际作业幅宽大于犁铧总宽度时,就会出现漏耕。漏耕时作业后的地表会出现明显的小沟,此时,应通过犁梁上的拐轴(或调节孔),使犁的末部向未耕地方向偏转,增加犁耕作业时犁侧板上的作用力,以消除漏耕现象。若作业时出现重耕,作业后的地表会出现明显的小垄,此时,应通过犁梁上的拐轴(或调节孔),使犁的末部向已耕地方向偏转,减少犁耕作业时犁侧板上的作用力,以消除重耕现象。

8. 犁耕作业时前后铧深度不一致时如何调节?

如果前、后犁体犁耕深浅不一致,若前犁比后犁耕得深,对于牵引犁，可将前犁柱上两个紧固螺母松开，把前犁体升高，然后再锁紧螺母；对于悬挂犁，可增加上拉杆长度来调整。犁的水平调整，必须进行田间试耕，一直调到前、后犁耕深一致为止。

9. 常用的犁耕作业方法有哪几种？

（1）内翻法，也叫闭垄法。其作业方法是：拖拉机组从地块中心左侧进入，耕到地头起犁，顺时针方向转弯，再从中心线右侧往回犁，依次耕完整块地，它的耕作特点是垡片内倾，垄台留在地中间。

（2）外翻法，也叫开垄法。其作业方法是：拖拉机组从地块中心右侧进入，耕到地头起犁，再从左侧往回犁，依次耕完整块地，它的耕作特点是垡片外倾，犁沟留在地中间。耕完地块后，必须在中间回一犁，以减小犁沟。

（3）内外翻交替法。当作业地块较大，为减少拖拉机组的空行程，提高作业效率，通常可采取内外翻交替法进行作业。

10. 如何保养铧式犁？

（1）作业时应随时清理黏附在犁体、犁柱、限深轮等部位的泥土和杂草，以减少工作阻力。

（2）每天犁耕结束后，应检查各部位螺杆、螺母是否松动。

（3）耕作期间，各润滑部位每天要加注1～2次黄油。

（4）定期检查犁铧、犁体的磨损情况，磨损严重时应更换。

（5）长期存放时，应将犁清洗干净，犁铧工作面和各转动部位涂上防锈油，停放在通风干燥处。

11. 改善悬挂犁耕地质量的操作要点有哪些？

（1）必须使用与该型号拖拉机相配套的悬挂犁。

（2）正确调整拖拉机的轮距。

（3）正确调整拖拉机液压悬挂系统上拉杆的长度，使得悬挂犁在开始入土时有一定的角度,便于入土,当达到规定耕深后,入土角为0度。如果上拉杆长度调整过长,入土角太小,则悬挂犁不易入土;反之,上拉杆长度过短,入土角太大,达到规定耕深后,犁架前后不平,前犁深,后犁浅,耕后地面不平。

(4)开墒时,适当调浅前犁,可以减小垄背高度。

(5)正常耕地时,应保持悬挂犁犁架前后、左右水平,并与拖拉机的行驶方向一致。

(6)在耕地过程中,若产生前犁耕宽过大,接垡不平,拖拉机不易走直,操向困难时,说明此时悬挂犁的正位调整不正确,应按正确方法进行调整。切不可简单地调浅前犁,使接垡平整,却造成犁架左右不平,耕后沟底也不平,而且拖拉机操向困难的问题并未解决。

12.耕地犁使用注意事项有哪些?

(1)犁工作时,不允许对犁进行检修,如果必须检修,则应在停车后进行。

(2)犁工作时,犁上不得坐人,若因犁的重量轻,影响入土性能需要加重时,其配重物应紧固在犁架上。

(3)耕地过程中,驾驶员应经常注意犁的工作情况。

(4)机组作业时,落犁和起步须平稳,不准操作过急。地头转弯时应先将犁升起,严禁不升起犁即转圈耕地。

(5)机组转移地块或过田埂时,应当慢速行驶。

(6)牵引犁的牵引装置安全销折断时,不准用高强度钢筋代替或随意改变尺寸,应用直径10毫米的低碳钢销子。

(7)牵引犁不准较长距离倒退。若必须短距离倒退,则应先将犁升起。倒退时,尾轮滚动方向必须与倒退方向一致。

(8)牵引犁长距离运输时,应将犁升起至运输位置。为了防止犁在运输状态时，因液压系统失灵而造成突然落犁事故，应移动位于犁主梁上的卡铁，使之顶住油缸拉臂并拧紧螺钉。犁开始工作之前，应先移开卡铁并将其固定在犁梁上。切忌没有移开卡铁就操作液压装置迫使牵引犁下降，这样势必造成损坏。

（9）悬挂犁转移地块时，应升至最高位置并将升降手柄固定好，同时调紧拖拉机下拉杆的限位链，以减少犁在运输过程中的摆动。

13. 改善机耕作业质量的措施有哪些？

常见的耕地问题和排出方法见下表：

现象	原因	排除方法
墒沟、垄背太大	开墒、收墒的方法不正确	1. 改进开墒、收墒方法，尽量采用合墒器
		2. 正确选用耕地方法，以减少墒沟、垄背数
接垡不平	1. 犁架前后、左右不平	1. 将犁架调整至水平
	2. 机组行走不直	2. 机组走直
各犁体耕深不一致，耕后地面不平	1. 犁架、犁轴、犁体等变形	1. 校正变形
	2. 个别犁体挂草、拖堆	2. 及时清除
犁不入土或达不到规定的深度	1. 犁铲磨钝	1. 更换新犁铲
	2. 犁架前高后低	2. 将犁架调整至水平
	3. 牵引犁的尾轮拉杆过紧或尾轮位置调整过低	3. 正确调整尾轮拉杆和尾轮位置
	4. 悬挂犁的上拉杆过长	4. 缩短上拉杆
漏耕	1. 机组行走不直	1. 机组走直
	2. 未达到正确牵引状态	2. 调整到正确牵引状态
地面出现喇叭口	机组在地头转弯不正确	正确转弯并与起落犁操作时机相配合
地面出现喇叭口	1. 开墒的位置不合适	1. 正确选择开墒位置，使地块两边未耕地的宽度相等
	2. 机组行走不直	2. 机组走直，并在耕地过程中注意保特地块两边未耕地的宽度始终一致
	3. 地块形状不正确	3. 正确规划地块形状

现象	原因	排除方法
耕不到地边	1.犁的耕幅太窄与拖拉机的轮距不配套	1.使用与拖拉机配套的犁
	2.耕地方法不合理	2.犁的耕幅窄时,可采用外翻法,或外翻法耕一的后再用内翻法耕完整块地
翻垡不严,耕后地表覆盖不好	1.机组行走速度太慢,造成立垡	1.加快行走速度
	2.耕深不够	2.加大耕深
	3.未达到正确牵引状态	3.调整到正确牵引状态
	4.未安装小前犁或安装不正确	4.使用小前犁或正确安装小前牵

14.旋耕机的种类有哪些?

旋耕机是一种由动力驱动的旋转式耕作机具,主要用于水田、菜园、黏重土壤和季节性强的浅耕灭茬,在播种整地作业中得到广泛应用,其切土、碎土能力强,耕后地表平整、松软。按与拖拉机的挂接方式分类:可分为悬挂式、直接连接式和牵引式三种;按传动位置分类:可分为中间传动和侧边传动两种;按传动方式分类:可分为齿轮传动和链条—齿轮传动两种。

15.旋耕机与拖拉机怎样连接?

(1)与轮式拖拉机配套的三点悬挂式旋耕机的连接。先切断动力输出轴动力,取下输出轴罩盖,倒车时挂接好旋耕机,然后将带有方轴的万向节装入旋耕机传动轴上,提起旋耕机,用手转动刀轴看其运转是否灵活,再将带方套球的万向节套入拖拉机动力输出轴固定。安装时应注意:方轴和方轴套的叉形接头应在同一平面内,若装错,万向节处会发出响声,旋耕机振动加大,并可损坏机件。万向节装好后,应将安全插销对准花键轴上的凹槽插入,再用开口销锁定。

(2)与手扶拖拉机配套的旋耕机的连接。将拖拉机前倾,拆下牵引框,用5个双头螺栓将旋耕机固定在变速箱上。注意2个结合面上的2个定位销应对正，以保证装配后的齿轮正确啮合。安装时若旋耕机传动箱内的齿轮与变速箱内的齿轮相顶，不可硬压硬敲，应盘动一下皮带轮，使变速箱内齿轮转动一角度再安装。另外，应保证与变速箱连接处的纸垫厚度为0.45~0.55毫米，过厚或过薄都会影响2个啮合齿轮的啮合间隙。在拆下旋耕机时，要用护罩将变速箱结合面盖好，以防杂物落入箱内。

16. 旋耕机的弯刀片有哪几种安装方式？各适用什么情况？

（1）内向安装法：左、右弯刀都向刀轴中间弯。此法旋耕后在耕幅中间有垄，适用作畦前的耕作。也可使机组跨沟作业，起到填沟作用。

（2）外向安装法：指左、右弯刀都向刀轴两端弯，刀轴最外端的一把刀向里弯。此法旋耕后在耕幅中间有一条浅沟，适用于拆畦耕作或旋耕开沟联合作业。

（3）交错安装法：左、右弯刀在刀轴上交错对称安装，刀轴左、右最外端的一把刀应向里弯。此法旋耕后地面平整，适于平作，是常用的安装方法。

17. 旋耕机如何正确使用？

（1）使用前的准备。首先要仔细阅读产品说明书和机具上的安全标志，对机具的潜在危险要做到心中有数，按照说明书的要点进行具体操作，使用前应检查各部件，特别要检查旋耕刀是否装反、固定螺栓及万向节锁销是否牢靠，拖拉机起动前，应将动力输出轴操作手柄置于空挡位置。每次作业前应检查旋耕机的传动箱是否加足润滑油，轴承是否加足润滑脂，连接螺栓是否紧固，发现问题及时处理。

（2）起步。作业开始，应将旋耕机处于提升状态，要在提升状态下接合动力，使刀轴转速增至额定转速后，机组可低速缓慢起步，并将旋耕机缓慢降下，使旋耕刀入土至所需深度。严禁刀片入土后再结合动力输出轴或急剧下降旋耕机,以免造成刀片弯曲或折断,加重拖拉机的负荷。耕作状态时,万向节与动力输出轴的夹角不大于10度。耕作时,要注意倾听旋耕机声音,观察碎土、耕深情况。如有异常则立即停车、熄火,以确保人身安全。

(3)在作业中,应尽量低速慢行,这样既可保证作业质量,使土块细碎,又可减轻机件的磨损。要注意倾听旋耕机是否有杂音或金属敲击音,并观察碎土、耕深情况。如有异常应立即停机进行检查,排除后方可继续作业。

(4)转弯。在地头转弯时,应将旋耕机升起,使刀片离开地面,同时减少拖拉机油门,以免损坏刀片。在提升旋耕机时,万向节与动力输出轴的夹角不大于30度,角度过大时会产生冲击噪声,使其过早磨损或损坏。刀尖离地高度不小于250毫米。

(5)倒车、转移。在倒车、过田埂和转移地块时,要将旋耕机提升到最高位置,并切断动力,以免损坏机件。如果要向远处转移,则要用锁定装置将旋耕机固定好。

(6)旋耕机工作时,拖拉机轮子应走在未耕地上,以免压实已耕地,故需调整拖拉机轮距使其轮子位于旋耕机耕作宽内。

18.旋耕机安全操作要点有哪些?

(1)旋耕机运转时,禁止任何人靠近旋转部分,旋耕机后面也不得有人,以防刀片甩出伤人。禁止拆下刀轴部分外罩壳。停车时应将旋耕机落至地面,不得悬空停放。长距离运输时应卸下万向节。

(2)旋耕机作业时,不准在起步前将刀片入土或猛放入土。不准急转弯,不准倒退。转弯或确需倒退时,应先将旋耕机升起,地头升降、降低转速、不准提升过高、万向节两端传动角度不得超过30度。

(3)检查旋耕机时,必须先切断动力。更换刀片等旋转零件、清除旋耕机上的缠草、杂物或紧固、更换犁刀时，须先切断旋耕机动力，将拖拉机熄火后进行。

(4)手扶拖拉机在地头转弯时应先托起手扶架，使旋耕犁刀出土后再分离转向离合器。

(5)田间转移或过埂时须切断动力，将旋耕机提升到最高位置。手扶拖拉机过埂时驾驶员不准坐在座位上，应下车操作。

(6)每工作3~4小时，应停车检查刀片是否松动或变形，其他紧固件有无松动。

19.旋耕机如何调整？

(1)水平调整。将带有旋耕机的拖拉机停在平坦地面上，降低旋耕机，使刀片距离地面5厘米，观察左、右刀尖离地高度是否一致，旋耕机前后、左、右应处于水平状态，以保证作业中刀轴水平一致，耕深均匀。左右水平时，旋耕机左右两侧的刀尖离地高度是一致的，若不一致可通过调节拖拉机左右提升杆长度调整；前后水平调整：将旋耕机降到需要的耕深时，观察万向节夹角与旋耕机一轴是否接近水平位置。若万向节夹角过大，可调节拖拉机上拉杆的长度，使旋耕机处于水平位置。

(2)传动轴夹角调整。旋耕机挂结好后，测量旋耕机左右两边到后轮的距离是否一致，若一致说明传动轴夹角一样，可平衡工作；若不一致，通过调整拖拉机下拉杆的长度即可实现。

(3)提升高度调整。旋耕作业中，万向节夹角不允许大于10度，地头转弯时也不准大于30度。因此，旋耕机的提升，对于使用位调节的，可用螺钉在手柄适当位置拧限位；使用高度调节的，提升时要特别注意，如需要再升高旋耕机，应切除万向节的动力。

(4)耕深调整。耕作中拖拉机应采用位调节控制，位调节控制操作手柄向下推，旋深增加。耕深调整也可通过旋耕机悬挂高度进行调整。旋耕机耕作深度一般是12~16厘米。

(5)耕作宽度的调整。根据所配套的拖拉机功率和旋耕机工作阻力的大小,调整旋耕机的耕作宽度。其方法是通过增减刀片的数量以达到耕作宽度的要求。工作中,发动机应处于80%左右的负荷下作业,当旋耕机在所规定的耕深和适宜的机器速度下作业时,发动机出现超负荷状态时,需减小耕作宽度。

(6)碎土性能调整。旋耕机碎土性能与拖拉机的行进速度和刀轴转速有关。刀轴转速一定,增大拖拉机的行进速度时,碎土性能差,反之,则碎土性能好。当拖拉机行驶速度一定,刀轴转速愈高,碎土能力也愈强。此外,在旋耕机后面有一块可调节的拖板,其高低位置的改变,也会影响碎土和平地的效果,在使用时可根据需要将其固定在某一位置上。

(7)拖拉机轮距的调整。旋耕机工作时,应使拖拉机轮子行走在未耕地上,以免压实已耕地,故需调整轮距,使轮子位于旋耕机的工作幅内。对于偏置式旋耕机,则拖拉机一侧的轮子应位于旋耕机工作幅内,作业时应注意行走方法,防止拖拉机另一侧的轮子压实已耕地。拖拉机换装水田叶轮带水旋耕时,因叶轮有搅动的作用,可相应调大轮距,增加机组的稳定性。

(8)传动链条张紧度的调整。传动链条的张紧度可通过转动刀轴的方法进行检查,如转动灵活且无卡滞现象,说明张紧度正常。否则,应通过调整装置进行调整。链条调整应注意链条过松而发生爬链现象,过紧则会加重磨损。在进行调节时,注意顶向张紧滑轨的力应在5~10千克,以能压动松边链条为宜,若用劲压不动,则表示链条太紧。

(9)轴承间隙的调整。其调整有两种方法:①增减垫片。凡内圈位置固定、外圈可调的轴承,可用增减轴承盖处垫片的方法来调整轴向间隙。1米旋耕机第一轴、1.25~1.75米侧边传动旋耕机第一轴和第二轴上的圆锥轴承,中间传动旋耕机圆柱齿轮轮轴及刀轴花键轴处的圆锥轴承。检查调整后的轴承间隙,若没有测量仪器和专用工具,可凭经验用手转动轴,应无明显的轴向窜动并转动灵活,如过紧,转动困难,则应增垫片,如过松则应抽去垫片。②调节螺母。凡是外圈固定,内圈可调的轴承,可采用此法来调整轴向间隙。1米旋耕机中间齿轮箱第二轴,1.25~1.75米侧边传动旋耕机中间齿轮箱第三轴上圆锥轴承,中间齿轮传动旋耕机齿轮箱的锥齿轮轴(第一轴)圆锥齿轮。调节方法为(以1米旋耕机为例):先拧紧大锥齿轮端部圆螺母,锁好止推垫片,然后拧紧另一端圆螺母,用手使轴承转动,直到它不能凭惯性再转动,而后用木榔头敲击轴,使轴承内外圈紧靠,再复查轴承预紧情况,调好后用锁片锁紧圆螺母。

20.如何保养旋耕机?

(1)班保养。①检查拧紧各连接螺栓;②检查弯刀、插销和开口销等易损件有无缺损,如果有缺损,则及时更换;③检查传动箱、万向节和轴承是否缺油,缺油时及时添加。

(2)季度保养。每个作业季节完成后,为了使下一年旋耕机保持正常作业应做好以下维护保养工作:①彻底清除机具上的泥土、杂草、油污;②更换润滑油、润滑脂;③检查刀片是否过度磨损,必要时更换;④检查机罩、拖板等有无变形,恢复其原形或更换;⑤全面检查机具的外观,补充油漆,弯刀、花键轴上涂油防锈;⑥长期不使用时,旋耕机不得长时间悬挂在拖拉机上,应置于水平地面上,并在刀片下面用木板垫起,避免刀片直接接触地面,以免造成连接部件变形。

21.旋耕机使用前的技术状态检查方法有哪些?

(1)刀片的刃口厚度应为0.5~1.5毫米,刃口曲线过渡平滑,如刃口有残缺,其深度要小于2毫米,且每把刀的残缺不能多于两处。

(2)刀片必须安装牢固,应有锁紧措施,防止松脱而造成人身事故或机具损坏。

(3)刀滚装在旋耕机上后,刀片顶端与罩壳的间隙以30~45毫米为宜。间隙过大,垡块易反抛到刀轴前方被再次切削,浪费动力;间隙过小,易造成堵塞。若间隙小于28毫米,就需要重新装修罩壳。

(4)刀滚装在旋耕机上后,应进行空转检查。将旋耕机稍离地面,接合动力输出轴,旋耕机低速旋转,观察其各部件是否运转正常,如整个刀滚是否平稳、有无碰擦等异常情况。

(5)在拖拉机和旋耕机之间安装万向节总成,必须使方轴和方轴套的夹叉处于同一平面,以保证所传递的转速平稳。要求方轴和方轴套之间的配合长度要适当,它们之间的配合长度在工作时要求不小于150毫米,在升起时要求不小于40毫米,防止提升时因配合长度不够而脱出或损坏,但也要防止工作时因配合长度太长而顶死。

万向节总成两端的活动夹叉与拖拉机动力输出轴轴头和中间齿轮传动箱轴头连接时,必须推到位,使插销能插入花键的凹槽,最后还应该用开口销把插销锁好,以防止夹叉甩出造成事故。

(6)传动装置在每个耕季结束后都要检查一次,以保持其经常处于完好的技术状态。先放出传动箱的齿轮油并清洗内部,然后检查调节,再加入新齿轮油,若检查时发现问题,要及时进行拆装和修理。

22.旋耕机的常见故障有哪些?应如何排除?

(1)旋耕机负荷过大。原因是旋耕机入土过深或土壤黏重、干硬。排除方法:减少耕深或适当重耕,降低机组前进速度和刀轴转速。

(2)旋耕机作业时跳动。原因是土壤坚硬或刀片安装不正确;万向节轴安装不正确。排除方法:降低机器前进速度和刀轴转速,重新检查,按正确方法安装。

(3)旋耕机间断地向后抛出大土块。原因是刀片弯曲变形或断裂、丢失。排除方法:校正或更换刀片,安装丢失的刀片。

(4)耕后地表起伏不平。原因是旋耕机未调平,拖板位置不正确,机器前进速度与刀轴转速配合不当。排除方法:重新调平旋耕机、调整拖板位置,改变拖拉机前进挡或刀轴转速。

(5)齿轮箱有杂音。原因可能是有异物落入齿轮箱,锥形齿轮侧向间隙过大,轴承损坏或齿轮牙齿折断。排除方法:取出异物,重新调整间隙,修复或更换轴承和齿轮。

(6)旋耕机作业有金属敲击声。原因是刀片固定螺丝松脱,刀轴两端刀片或罩壳变形;刀轴传动链过松。排除方法:重新紧固螺钉,校正罩壳或更换刀片,调节链条的紧度;控制旋耕机提升高度。

(7)刀轴转不动。原因可能是齿轮损坏卡死,轴承损坏咬死,锥形齿轮无齿侧间隙,刀轴弯曲变形,刀轴缠草、堵泥严重。排除方法:更换齿轮或轴承,重新调整间隙,校正刀轴,清除缠草、积泥。

(8)齿轮箱漏油。原因可能是油封损坏,纸垫损坏,齿轮箱裂缝。排除方法:更换油封和纸垫,焊修箱体。

(9)万向节或十字轴承飞出。原因可能是定位插销脱落,十字轴承弹性挡圈脱落,十字节折断。

(10)刀片弯曲、折断。原因可能是机器猛降在硬地上或与硬物相碰,转弯时仍在进行耕作,刀片硬度太高或有裂纹。排除方法:清除硬物,缓慢降落;转弯时应升起旋耕机,停止作业;更换为合格刀片。

23.旋耕机脱挡原因有哪些?应如何排除?

(1)拨挡槽和操纵杆球头磨损过度,换挡过程中由于轴向自由间隙过大,即使挂上挡,啮合齿的啮合宽度也较小,遇负荷变化或者机组颠跳时很容易脱挡。

(2)旋耕机使用的是牙嵌式离合器,由于使用的时间过长,牙嵌齿啮合面严重磨损,使啮合齿齿顶变秃呈圆弧形,丧失啮合后的自锁能力,在作业过程中易滑移而脱挡。

(3)啮合套定位弹簧弹力过小或折断,啮合齿受力或遇机组振动,啮合套产生轴向滑动而脱挡。

排除方法:①离合器啮合齿磨秃时,应及时修复或更换;修复时可用碳铜焊条堆焊啮合齿,再用标准齿压痕进行焊后修整,并按规定进行热处理;②啮合套定位钢球的槽如磨损过度,应进行修补加工或更换新件;③用标准弹簧更换弹力过小或折断的弹簧,保证啮合套有足够的定位稳定性和可靠性;④拔挡槽和操纵杆球头磨损过度时可焊修,经手工修整后进行热处理。不能修复的更换新件。

24.什么是深松机械化技术?

深松是指疏松土层而不翻转土层的土壤耕作技术。打破犁底层,增强雨水入渗速度和数量,对土壤扰动小,残茬大部分留在地表,有利于保墒和防止风蚀。深松机械化技术通常采用拖拉机牵引深松机或悬挂深松机进行作业。深松有全面深松和局部深松两种。全面深松是用深松机全面松土,适用于配合农田基本建设,改造耕层浅的黏质土。局部深松则是用杆齿、齿形铲或铧进行间隔的局部松土,是目前推广的深松少耕法。深松既可作为秋收后的主要耕作,又可用于春播前的整地、休闲地的松土、草场更新等。有全面深松、间隔深松、浅翻深松、灭茬深松、中耕深松、垄台深松、垄沟深松等。深松的深度视耕作层的厚度而定。一般中耕深松深度为20~30厘米,深松整地为30~40厘米。

25.什么是机械深松营造“土壤水库”工程技术?

土壤的深松是指疏松土层而不翻转土层的一种新的土壤耕作方式,能使土壤孔隙增多,破坏犁底层,改善耕层结构,提高土壤蓄水保墒、抗旱耐涝能力。所谓营造“土壤水库”工程就是运用全方位深松机等深松机械,适时合理的耕作土壤,打破犁底层,加深耕作层,降低土壤容重,增强土壤的通风透气性能,改善土壤理化性状,充分接纳天然降水,能提高土壤水分的保蓄量,使伏雨秋用,秋雨春用;机械深松能将水分储存于耕层底部,能减少水分无效蒸发,提高降水和灌溉水的利用率和生产率。对盐碱地也有治理效果。

26.深松机具的种类及特点有哪些?

(1)只能进行深松作业的机具

①凿式深松机:深松深度大,通过性能好,属于局部深松,适合于秸秆覆盖地表情况下的深松作业。

②铲式深松机:有箭型与双翼型,松土面积大,效果好,并兼有除草功能,但作业阻力大,作业后地表不平整。

③全方位深松机:深松效果好,犁底层打破彻底,底部有“鼠道”,便于储水排涝,作业后地表平整,但动力消耗大,需与大型拖拉机配套。

④振动深松机:采用振动式深松铲,松土效果好,上虚下实,地表平整。但机具结构复杂,维修保养部位较多。

(2)联合作业机具

①深松旋耕机:该机可实现一机多用,既可单独深松或旋耕作业,又可进行深松旋耕联合作业,工作效率高,但需要与90马力以上大型拖拉机配套使用。

②深松分层施肥免耕播种机:可实现深松、播种、施肥等联合作业,该机技术先进,适宜在大地块与大马力拖拉机配套使用。

27. 机械深松作业的技术要求有哪些?

(1)作业条件

①适宜深松作业的土壤为黑、栗、灰、棕钙土,耕作层以下为沙层的地块不宜进行深松作业。

②耕层下犁底层较硬的耕地,应进行深松作业。

③含水量在15%~22%的土壤宜深松,作业季节土壤含水量较高,比较黏重的地块不宜进行深松。

(2)作业技术要求

①深松时间:以夏季和秋季为主,夏季深松,在作物收获后及时深松,充分接纳雨水。秋季深松应在土壤墒情合适的情况下进行,土壤过干或过湿时都不宜深松。墒情好,又有灌溉条件的地区,可播前深松。

②深松深度:根据土壤容重和犁底层厚度确定,一般25~40厘米为宜。深松作业深度要一致,不得漏松。

③作业周期,根据土壤条件和机具进地强度,一般2~4年深松一次。

④采用单一功能的铲式深松机作业时,应配备镇压合墒器,以减少深松作业造成的地表不平整。

28. 深松机如何安装使用与调整?

(1)作业前准备

①检查各部件是否齐全,有无变形或损坏,各螺栓、螺母是否坚固。

②检查各调整机构是否灵活可靠,必要时应再调节。

③工作部件磨损严重时必须更换,否则影响深松质量。

(2)机具的安装使用调整

①将深松机与拖拉机三点悬挂相连接,调整限位链或限位杆,使左右下拉杆左右摆动,以不碰到轮胎为宜。在工作状态下,应与地面

保持平行。如不平行,需调整上拉杆保持与地面平行后,方可作业。

②作业开始时,拖拉机应低速行驶,操纵液压杆,使深松铲靠机具自重逐步进入土壤预定深度,作业中机组应匀速前进。

③纵向调整。使用时,将深松机的悬挂装置与拖拉机的上下拉杆相连接,通过调整拖拉机的上拉杆(中央拉杆长度)和悬挂板孔位,使得深松机在入土时有3 ~5度的入土倾角,到达预定耕深后应使深松机前后保持水平,保持松土深度一致。

④深度调整。大多数深松机使用限深轮来控制作业深度,极少部分小型深松机用拖拉机后悬挂系统控制深度。用限深轮调整机具作业深度时,改变限深轮距深松铲尖部的相对高度,距离越大深度越深。调整时要注意两侧限深轮的高度一致,否则会造成松土深度不一致,影响深松效果。调整好后注意拧紧螺栓。

⑤横向调整。调整拖拉机后悬挂左右拉杆,使深松机左右两侧处于同一水平高度,调整好后锁紧左右拉杆,这样才能保证深松机工作时左右入土一致,左右工作深度一致。

29.深松机的操作规程有哪些?

(1)必须有专人负责维护使用,熟悉机具的性能,了解机具的结构及各个操作点的调整和使用方法。

(2)工作前,必须检查各部位的连接螺栓,不得有松动现象。检查各部位润滑脂,若不够应及时添加。检查易损件的磨损情况。

(3)正式作业前要进行深松试作业,调整好深松的深度;检查机车、机具各部件工作情况及作业质量,发现问题及时调整解决,直到符合作业要求。

(4)深松作业中,要使深松间隔距离保持一致。作业应保持匀速直线行驶。

(5)作业时应保证不重松、不漏松、不拖堆。

(6)作业时应随时检查作业情况,发现机具有堵塞应及时清理。

(7)机具在作业过程中如出现异常响声,应及时停止作业,待查明原因解决后再继续进行作业。

(8)机具在工作时,如遇到坚硬和阻力激增时,应及时停止作业,排除状况后再作业。

(9)机具入土与出土时应缓慢进行,不可强行作业,以免损害机具。

(10)机具作业一段时间,应进行一次全面检查,发现故障及时修理。

30.深松机使用安全注意事项有哪些?

(1)深松机在作业时,未提升机具前机组不得转弯和倒退。

(2)机具作业时,严禁进行各项调整。

(3)机具上严禁坐人,不得触摸旋转部位。

(4)机组穿越村庄时须减速慢行,注意观察周围情况。

(5)工作中如发现不正常现象,应立即停车检查,排除故障后方可继续工作。

(6)一个作业季完成后,工作部件表面应涂黄油,整机放置在避雨、阴凉、干燥处保管。

31.深松机的装配要求有哪些?

(1)各部件不得有变形、损坏。

(2)铲刀应锋利,工作面应平整光洁。刃口厚度不得大于2毫米。

(3)仿形机构应完好无损。行走仿形轮轴向晃动不得大于2毫米。

(4)各铲之间距离偏差不得大于5毫米,铲尖着地要一致。

(5)悬挂架应保证入土角在35度以下。通过调整中央拉杆,使松土铲容易入土。

32. 深松机常见故障及排除方法有哪些?

(1)深松机固定部件出现松动或裂痕,应拧紧或重新焊牢。

(2)深松铲柄松动,应坚固螺丝;铲柄变形,应校正或更换。

(3)深松铲遇石块、树根时因受力过大导致变形的,应校正或更换。

(4)深松铲过度磨损,达不到深松效果时,应及时更换。

33. 深松机怎样维修?

(1)铲刀磨损可用砂轮磨修,使其达到规定的刃厚标准。若磨损严重,可焊补后修磨到标准刃厚。

(2)梁架开焊或变形,可采用焊接或矫正修复。

(3)仿形机架变形,可采用冷矫正修复。

(4)铲柱变形,可采用冷矫正之后,焊加强筋修复。

34. 耕整机的安全操作技术有哪些?

(1)按照机具使用说明书的要求进行保养,必须保持耕整机处于良好的技术状态,延长其寿命。必须保证离合、转向、制动等机构灵敏、有效、可靠,决不让农田耕作机械"带病"作业。

(2)作业前,先熟悉作业区域内的道路、桥梁、沟埂及田间障碍物等情况, 做好相应的安全措施。腰上、手上、脖子上不要挂毛巾或绳子之类的物品,以免它们被卷入机器而造成人员伤亡。

(3)发动机启动时,挡位必须置于空挡位置,启动时脚不能随意踏在机身上或刀具上。作业中,做到人不离机,坚守工作岗位。需要临时保养、调整、清除杂草、更换刀具时,必须停机熄火后才能进行。

(4)不准在陡坡上横向作业,以免造成耕整机倾翻。通过田埂和沟坎时,必须先将机器熄火,再用人力移动。

(5)使用倒挡时,必须将挡位置于空挡位置,左手握住离合器手柄,右手握住倒挡手柄,集中精力,重心下移,并查看后方情况,做好后退的准备,然后用小油门,缓慢放开离合器,进行倒挡操作。应特别注意的是新机手在不熟悉机具性能时,切勿使用倒挡。

(6)操作人员在作业时应尽量控制高速急转弯现象的出现,以免导致翻机伤人事故的发生。发生柴油机"飞车"(转速突然剧增,排气管连续冒大股浓烟,不受油门控制)时,要立即采用停止供油、按下减压、封闭进气管等措施强制熄火。熄火后必须查明原因,排除故障后才能继续作业。

(7)在日常作业中,杂草或稻草经常会缠住驱动轮,致使耕整机无法工作或工作缓慢,发生极热故障,操作人员应立即关闭发动机,下机检查,切记不能用肢体触碰刀轮,以免造成人员受伤。

(8)在水泥路上行走时,耕整机的刀架必须卸下,在耕地工作时避免刀架与较大石块、农作物用具、铁器等硬物相碰,造成刀片损伤以及人员伤害。当发动机与行走箱出现异常声音时,应立即停止作业并及时维修与护理。

(9)驾驶途中不准载人,下坡不准空挡滑行。操作人员在饮酒后、过度疲劳、生病,以及夜间无照明设备时,搞运输作业,在公路上行驶时,不准使用会破坏公路路面的行走装置。

(10)无民事行为能力人和未经培训的人员,均不得操作耕整机,以防操作不当导致机器损坏、人员伤亡的事故发生。

35. 耕整机如何保养?

(1)日常保养。①新机接回家后,应该仔细阅读使用说明书,熟悉机具的构造、作业原理调整方法等。新机必须在空负荷下磨合8小时以上,更换新机油,并对其进行相关安全检查后才可以下田作业,发动机必须加注高清洁机油至标准油面。空气滤清器底部必须加注少许机油,变速箱、行走箱必须加注机油,每天耕作前必须检查机油是否正常、螺丝有无松动等。作业完毕后，必须将整机清洗干净，也要排除安全隐患后才能入库。新的或经过大修后的机具，必须先按技术规定进行试运转，然后再转入正常负荷运转。机具不能长时间超负荷作业，以防缩短机具使用寿命。

（2）定期保养。农闲时必须对耕整机进行定期检查和保养。发动机润滑油要定期更换，第1次使用20小时后更换，以后每使用100小时后更换1次。地盘变速箱油也要定期更换，第1次使用50小时后更换，以后每使用200小时后更换1次。燃油滤清器要定期清扫及更换，每使用200小时后清洗1次，使用1000小时后进行更换。在发动机还有余热时把润滑油放净，更换新油。取出气缸盖上的橡皮塞，注入少许机油，减压操纵杆放在无压缩的位置，拉反冲式启动手柄2~3次，但不启动发动机。减压手柄放在压缩位置，慢慢拉出反冲起动手柄，放在压缩位置停止。必须保证吸排气门是关闭的，以防湿气进入发动机内部而出现发动机生锈的现象。

36. 微耕机如何操作？

启动发动机前，要检查燃油、润滑油是否够量，各连接部位是否紧固，各操作系统是否灵活。

（1）启动发动机时，应先使离合器处于分离状态，并把变速杆放在空挡位置。

（2）在主离合器处于分离状态下先选择“前进”或“后退”挡。

（3）在运转过程中不允许加注燃油，以免引起火灾。

（4）移动作业中，操作者应注意脚步稳定，并确保对操纵系统的控制能力。

（5）在温室内使用时，应注意通风，以免废气滞留室内。

（6）选择“倒退”挡时，必须小油门缓慢起步。否则容易造成个别齿轮超负荷冲击，损坏机件，同时操作者身后必须保证有足够的空间，并随时准备控制切断离合器和油门供油，以免发生意外。

(7)在回转耕作时，应掌控好机器，避免倾倒。

(8)停机，先控制油门位置，使发动机转速降低，再把离合器处于分离状态，变速杆放在空挡位置，然后逐渐减小油门，将发动机停火开关推至“关”位置即可停车，主机为汽油机时，停车后使离合器接合，缓慢拉动启动器拉绳，使车停在有压缩感的地方，然后再将变速箱挡位放在空挡位置。

(9)过水沟、田埂时要使用踏板；行驶时应注意路肩；禁止急前进、停止、转弯和超速加速；发动机运转中未停机，手脚不能伸入旋耕机下；禁止眼睛看别处或放手运转；禁止站在旋耕机后进行后退作业。

37.微耕机如何保养？

微耕机（由风冷汽油机或水冷柴油机作为动力，皮带或链条式齿轮箱作为传动装置，配以耕作宽度为2500~1200毫米的旋耕刀具），在使用上要有正确的操作方法，并需做好日常的保养工作。每次使用前检查各部位的螺栓、螺母是否松动及润滑油量，同时要进行定期保养与维护。发动机润滑油在行驶20小时后更换第一次，以后每100小时更换一次:变速箱油50小时后更换第一次，以后每200小时更换一次；燃油滤清器每500小时清扫清洗一次，1000小时更换；每日清扫空气滤清器。

保养必须严格按照使用说明书保养的周期和内容来进行。每班作业后，都要检查各连接部分有无松脱，油、水、气有无泄露、发动机和齿轮箱的油耗与油质情况，并清理整机及附件上的污垢、杂草，对损坏的零部件要及时更换。然后将机器存放于库内，以避免风吹、雨淋和暴晒。

38. 微耕机磨合期运转有哪些要求？

(1)空运转。把变速杆挂到空挡位置，离合器处于“分离”状态，打开油门，拉起动绳使发动机启动，运转15~20分钟，观察发动机各运行部件是否出现松动、渗漏油、异常噪音等现象。

(2)各挡位试运转。先将发动机调整到中速，变速箱挡位手柄挂“1挡”位置，然后缓慢结合离合器，使微耕机向前运行。在运转情况正常后再进行“2挡”和“倒挡”的运行，每挡运行时间不少于30分钟。由低速挡变高速挡时，应先加大油门，在提高转速之后再换挡；由高速挡变低速挡时则应先减小油门，降低转速再换挡。停机时先挂空挡，松开离合器手把，然后关闭油门和熄火开关。

(3)运转注意事项。①在离合器处于分离状态下，选择“前进”挡或“后退”挡应缓慢起车，避免齿轮超负荷冲击而损坏机件；②倒退时，应减小油门且缓慢接合离合器；③微耕机在运转中不允许加燃油或机油。

39. 微耕机的常见故障如何排除？

(1)发动机不运转，应检查燃油是否用完，如已用完，补充燃油；检查启动拉盘，检查发动机启动顺序是否正确；检查发动机压缩情况是否良好，不拉减压操纵杆，使用反冲力手旋转；检查是否燃油喷射不出，检查喷油端是否卡死，燃油管道是否进空气。

(2)发动机没力。检查空气滤清器是否被堵塞，应清洗滤清器；检意发动机机油是否变质或变少，应更换或补充机油；检查发动机是否有压缩，应更换活塞环。

(3)挂挡困难或自动脱挡，多数是齿轮损坏严重造成的，须更换齿轮。

(4)离合器分离不彻底，应调整离合器钢索行程长度。

(5)三角皮带打滑，是皮带过松或皮带磨损引起，只要检查三角皮带是否需要更换或者调整三角皮带的松紧程度即可。

(6)变速箱内有杂音,通常是齿轮磨损或润滑油不足造成的。若是质量原因造成,则应在查明原因后及时反馈给销售商,由销售商处理。

40. 大棚中使用微耕机的操作要点和注意事项有哪些?

(1)操作要点。①操作人员必须熟悉机具使用性能,新手驾驶机具前必须在棚外进行训练,千万不要在棚内练习,防止发生事故;②严格控制耕深,深度一般靠限深杆和驾驶人员共同控制,限深杆向上提升耕深变深,向下放耕深变浅;操纵人员向下压把手耕深变深,抬起或向前推把手耕深变浅;③前方有障碍物时千万不可猛地提起把手,否则微耕机将迅速前冲易发生危险,应先减小油门,确定安全行驶路线,再慢慢地提起把手,进行转弯或躲避障碍物;④选择合适的机组耕幅宽度;⑤机组上的防护罩不可随意拆掉,不准在不带防护罩的情况下进行作业和试车;⑥耕作的土壤水分应适宜,不可过大或过小,否则会影响作业质量。

(2)注意事项。①在作业时不要有人围观,刀具运行方向的危险区不能有人;②操作人员必须穿紧口衣服,女性操作人员应将头发盘起来,以防被旋耕部件卷入发生危险;③检查旋耕部位必须使发动机熄火后进行;④在密封的室内或棚内作业时要尽量把门打开;⑤操作人员要间断性地作业,经常到棚外呼吸一下新鲜空气,操作人员一旦有头晕、胸闷等身体不适现象,一定要马上到棚外,千万不能强行作业;⑥操作人员注意及时补充水分和盐分,由于棚内温度较高,加上发动机的热量,操作人员会大量出汗,必须及时加以补充,以防虚脱。

41. 如何使用与维护旋耕起垄机?

旋耕起垄机主要适用于萝卜、薯类、花生、豆类、蔬菜等类的田间旋耕起垄,起垄机具有垄距、垄高、起垄行数、角度调整方便,配套范围广、适应能力强等特点。手扶拖拉机配套旋耕起垄机的安装，只需拆下手扶拖拉机挂接框，保留原密封垫，将起垄机安装在该位置，拧紧挂接框螺母即可。轮式拖拉机旋耕起垄机与拖拉机悬挂连接，连接方法与旋耕机相同。

（1）起垄机的调整。垄宽由厂家定好，为固定值不可调；垄高为15~22厘米。手扶机旋耕深度通过调整限深轮高度位置进行调整，限深轮向上旋耕深度增加，反之减少。轮式机可通过液压悬挂机构调整。旋耕深度应在20厘米以上，垄高通过调整刮土板高度位置进行调整，刮土板位置向上，垄高增加，反之减少。

（2）起垄机作业。作业前地要深翻，作业挡位不易过高，一般选择为Ⅱ挡作业时大油门，作业行走路线直行。

（3）机具的维护。①作业前检查拖拉机变速箱和起垄机侧传动箱润滑冷却油是否足够，不足时应添加；②深翻时，尽量将土壤中石块、杂物清理干净，以免起垄作业损坏旋耕刀；③入冻时，要等到土壤解冻后作业；④作业结束后要将机具上面的泥土及时清理干净，存放在干燥通风的库房。

42. 拖拉机耙地作业时应注意什么？

（1）耙间管安装时，大端应朝向耙片凸面，以免损坏耙间管及耙轴。多台耙连接作业时，连接点必须牢固可靠。

（2）牵引耙作业时不准急转弯，回转半径不小于5米，不准倒退，悬挂耙作业需转急弯或倒退时，必须将耙升起。

（3）加重箱上不准用石块、铁器等硬物加重，加重箱与耙上严禁坐人。

（4）在耙地作业出现严重拥土、拖堆时，不准强行作业。

（5）靠近地边作业时，耙片不准接触田埂。

（6）耙组运输时须卸下配重调至运输状态，装上运输轮，慢速行驶或车载。

43. 圆盘耙如何安装?

(1)耙组方轴应平直，耙片刃口厚度应小于0.5毫米，刃口缺损不超过三处。

(2)安装缺口耙片时，相邻耙片的缺口要错开，以免耙组受力不均匀。

(3)安装间管时，其大头与耙片凸面相靠。耙片的间距应相等，其偏差不大于8毫米。

(4)方轴一端的螺母必须拧紧并锁牢，耙片不得有任何晃动，否则耙片内孔会磨损方轴。

(5)刮土铲与耙片凹面应保持3~5毫米的间隙，以免阻碍耙片转动。

(6)耙架不得变形或开焊，各连接螺栓应紧固，装好后的耙组应转动灵活。

44. 圆盘耙如何调整?

(1)耙组偏角调整。在保证碎土能力的条件下，耙组角度不易过大，否则将使牵引阻力增加。

(2)配重调整。通过增减耙组配重盘上的配重，可调整耙深。

(3)刮土铲调整。刮土铲与耙片凹面应保持3~5毫米的间隙，与耙片外缘距离应为20~25毫米，如不符合规定，可通过改变刮土铲在把架上的位置进行调整。

45. 圆盘耙的使用方法有哪些?

根据作业要求，可用调节耙组偏角和增加配重的方法来调整耕深。使用前要检查各紧固螺母有无松动，特别是耙组方轴的螺母必须拧紧。检查各转动部件运动是否灵活。检查刮土铲的位置是否正确。作业中不允许对耙进行修理、检查，只能停车进行。拖拉机带耙作业时不许急转弯，牵引耙不许倒车，悬挂耙转弯和倒车时应将耙升起后进行。

46.怎样维护圆盘耙？

(1)班次维护。每班作业结束后，应清除耙片及耙架上的污物，检查并紧固各连接螺母，各转动部件加注润滑油。

(2)入库维护。在作业季节结束后，为保存好机具，延长使用寿命，应做好以下工作：①清除耙片及耙架上的污物；②在耙片上涂机油，以防生锈；③检查轴承间隙，磨损过大时应更换，并更换轴承内的润滑脂，各转动部件加注润滑油；④用木板将耙组垫离地面；③存放于干燥通风的库房内。

47.什么是地膜覆盖机械化技术？

地膜覆盖是用透明或有色塑料薄膜把含有一定水肥的农田土壤从地面上封盖起来，形成不同于露地栽培的农田环境，产生增温、保温、提墒保墒，保持土壤疏松，保护和促进作物根系生长发育，进而促进早熟、增产和改善品质等作用，在一定程度上还有抑制杂草和上层土壤碱分的效应。

地膜覆盖机械化技术，主要是使用专用的机械、工具将地膜按农艺要求铺盖在农田地面的机械化作业技术，另外，还包括整地、作畦、播种、施肥及残膜回收等相关的配套技术。与人工铺膜相比，机械覆膜具有五大优点：一是作业质量好，地膜展的平、贴的实、封的严、固定的牢靠；二是作业效率高，人力牵引的覆膜机能提高工效3~5倍，用畜力牵引的机具能提高工效5~8倍，小型拖拉机配套机具能提高5~15倍，大中型拖拉机配套机具能提高工效20~50倍；三是可在五级风条件下正常作业；四是每亩可比人工铺膜省0.5~1.0千克地膜；五是作业成本每亩比人工铺膜低50~100元。常用机具有人力地膜覆盖机、人畜力地膜覆盖机、起垄铺膜机、旋耕起垄铺膜机等。

48.地膜覆盖机械作业的技术要求有哪些?

按国家有关标准的规定,地膜覆盖作业质量共有11项指标,其中主要指标有:①地膜贴合率:大于95%;②采光面利用率:大于95%;③皱折率:小于5%;④漏覆土程度:不超过1%。

49.地膜覆盖机械的使用要领及注意事项有哪些?

(1)作业准备。地块应提前进行耕耙,土壤细碎疏松,地表不得有直径5厘米以上的干土块或直立茬杆等杂物;地膜应是单层成卷、膜宽一般应比畦、垄宽度大20~30厘米,膜卷缠绕紧实均匀,无断裂、皱折等缺陷,卷端整齐,外串量不得大于2厘米,膜卷外径一般以15~20厘米为宜,卷芯棒(管)应坚实平直,两端齐整,相对膜卷端面的外伸量一般应小于3厘米;铺膜机应处于部件齐全、无结构缺陷、回转运动部件动作灵活可靠的正常状态,作业前须按农艺要求和使用说明书进行调整并进行试作业,以保证作业质量。

(2)操作技术。机具从地头开始作业前,应将膜端头及两侧用土压实封严,两边压在压膜轮下;作业时应保持直线行驶,注意机组前进速度要符合机具说明书的要求,不能忽快忽慢,人力牵引作业时两人行走要同步,畜力牵引作业要有专人牵管牲畜,作业中机手和辅助人员要随时注意作业质量和机组工作情况,发现问题及时处理;辅助人员应注意封压膜边,如有漏盖土的部位及时盖土,并在铺好的膜面隔一定距离在膜面上横向盖一些土,以防大风翻膜;机具作业到地头调头换行时,要切断地膜并封埋端头。

(3)注意事项。作业中要注意安全,防止人身事故,绝不允许在机具行走作业时去调整或排除故障;停机调整或检查时,拖拉机应切断动力或熄火,牲畜应由专人牵定,悬挂机型或提升状态的部件应放在地上,地头封埋、裁剪膜端头时,整机或压膜、覆土部件处于提升状态,要确保其稳定,防止突然失控落下伤人。

50. 地膜覆盖机械的常见故障原因及排除方法有哪些?

(1)膜侧覆土过多、过少或两侧不一致。原因:覆土器与机组前进方向的夹角及覆土器入土深度过大、过小或两侧不一;机组前进速度太快或太慢,机具尾部配重(压力)过大、过小或不一致;整地质量不高,地块过硬或过湿。处理:调整覆土器,控制机组作业速度。

(2)膜面呈现皱纹。原因:①斜向皱纹。机组跑偏,未能直线行驶。左右压膜轮压力、高度或前后安装位置不一致。处理:提高操作技术水平,使机组直线行进;调整两压膜轮,使其压力均匀一致。②纵向皱纹。机组前进速度过快;左右压膜轮压力过小,膜卷转动不灵或膜面镇压辊压力太大,纵向拉力大于横向拉力等原因所致。处理:增加左右两压膜轮的压力,减小膜卷的卡紧力,适当降低机组前进速度。③横向皱纹。机组前进速度过慢,左右压膜轮压力过大,膜卷芯管未顶实或膜面镇压辊压力太小,纵向拉力小于横向拉力,前进速度不均匀等原因所致。处理:减小左右两压膜轮的压力,增大膜卷的卡紧力,机组前进速度要均匀一致。

(3)地膜偏斜。原因:机组未能直线行驶,或膜卷安装不正、膜卷本身卷绕不齐。处理:将膜卷重新对正畦面,并与机组前进方向垂直;机组要匀速、直线行驶;检查膜卷,必要时更换。

(4)压膜轮压不住地膜。原因:机组行驶不正、地膜宽度与畦面不配套和地膜本身卷绕质量不佳等原因造成的,应根据具体情况解决。

(5)铺膜后卷边、两侧破碎。对出现卷边的,应增大压膜轮的压力,减小覆土铲的偏角,调整覆土铲与地膜之间的距离。出现破膜现象的,应减小压膜轮的压力,检查整地质量。

二、种植施肥机械

51. 什么是精量半精量播种技术?

精量半精量播种技术是使用机械把作物种子按照栽培要求的合理数量、行距、株距及深度位置播入土壤中的一项实用技术。它将传统的“大肥、大水、大播量”的高产栽培模式改变为“足肥、足水、适宜播量”的更高产栽培模式。与传统播种方法相比,具有用种少、播种质量高、充分利用地力,省种增产的作用。这项技术主要用于小麦、玉米、大豆、棉花等作物的播种作业。

52. 小麦精量半精量播种技术的要求有哪些?

(1)亩播量。根据各地小麦品种、自然条件、农艺要求不同,一般春小麦亩播量控制在18~20千克(亩保苗45万~50万株)。

(2)播种深度。一般播种深度应控制在3~5厘米。并要求播深一致、落子分布均匀、覆盖严密。稻茬地旋耕深度一般在5~8厘米,做到土块细碎、灭茬干净,播种行距为20厘米左右。

(3)实施要求。北方地区实施这项技术必须与良种优选、耕整地、合理降低播种量、足墒播种、适时早播、科学施肥,改善植株群体内有效分蘖的光照和供养条件以及田间管理等措施配合实施,才能达到最佳效果。一般应选择土壤水肥条件好,适宜机械作业的连片地块,并在播种前进行深耕、施足底肥、耙细整平等作业。同时,选用优良品种,并对种子进行清选、药剂拌种、浸种或包衣等加工处理。常用机具有2BF系列施肥播种机、ZBG系列谷物播种机、ZBJM系列小麦精播机等。

53.播种机的类别有哪些?

按播种方式分为撒播机、条播机、点(穴)播机和精密播种机。按与拖拉机连接方式可分为牵引式、悬挂式和半悬挂式播种机。按作业模式可分为施肥播种机、旋耕播种机、免耕播种机和铺膜播种机等。按排种原理可分为机械式、气力式和离心式播种机。按作物品种类型可分为谷物播种机、棉花播种机、牧草播种机、蔬菜播种机和根茎类播种机等。

54.播种机的结构组成有哪些?

播种机一般由工作部件和辅助部件两大部分组成。以条播机为例:主要由机架、种肥箱、排种器、排肥器、输种(肥)管、开沟器、覆土器、行走轮、传动装置、牵引或悬挂装置、起落机构和深浅调节机构等组成。主要用于条播麦类、高粱等谷物,在播种的同时能施颗粒或干粉状化肥。

55.播种机械作业技术总体要求是什么?

(1)适时播种,不误农时。

(2)播种量符合要求,排种器不损伤种子,且排种均匀。

(3)播种深度符合要求,且均匀一致。

(4)播种行距一致,无重播和漏播。

(5)播种的同时尽量能进行施肥、打药、镇压等联合作业。

56.播种机的播前准备工作有哪些?

(1)清除播种机上的油污脏物,并将润滑部位加足润滑脂。紧固螺栓,连接部位不得松动,链条张紧度要合适。并进行空转试验,待传动机构正常后,方可开始工作。

(2)种子和肥料不得混有石块、铁钉等。肥料不应有结块。

(3)检查地轮转动是否灵活,排种器、排肥器、开沟器是否符合要求。

(4)拖拉机与播种机挂接要正确、平整。

57.谷物条播机的播种量如何试验与调整?

(1)初始调整。一是改变传动比;二是选用不同齿数的排种槽轮来调整播种量:要求播种量较大时,选用齿数少的排种槽轮;要求播种量较小时,选用齿数较多的排种槽轮;三是改变播种槽轮的工作长度:先按播种量选好传动比,然后再调节槽轮工作长度;其基本原则是应选用较小的传动比和较大的槽轮工作长度。

(2)排种槽轮工作长度。利用播种量调节手柄来改变播种槽轮的工作长度,从而实现调节播种量。排种槽轮工作长度越长,排种量越大;排种槽轮工作长度越小,排种量越小。

(3)各行播种量一致性调整。指同一台播种机上各个排种器在相同条件下排种量的一致程度。将播种量调节手柄放到"零位",此时槽轮工作长度应等于零,即阻塞套的端面应和排种轮挡圈接触。逐个检查排种器,将不接触的排种器卡箍松开,如果某个排种器槽轮的工作长度不为0,应松开该排种器槽轮两边的卡箍,移动槽轮和阻塞轮,使槽轮位于排种盒内的长度为0。

(4)排种间隙的调整。排种间隙是外槽轮与排种舌之间的距离,各行应调整一致。如果排种间隙太小,可能损伤种子;如果排种间隙太大,可能使种子在播种机的振动下出现自流,播量不均匀。排种舌开度大小即排种间隙的大小应根据所播种子的大小确定。排种舌开度有三种:播小麦和谷子时,排种舌调在最小开度;播豆类作物时,用中间开度;播玉米等大粒种子时,用最大开度。排种舌开度大小虽对播种量有影响,但绝不可把改变排种舌开度作为调整播量的方法,否则会降低排种的稳定性和均匀度。

(5)播种量计算与调整。播种机的排种量应符合农艺要求,播种前要对播种机的排种量进行试验、调整。

①首先将播种机支起,使地轮离开地面且能自由转动。

②种箱内加入至少三分之一的种子,刮平。

③调整播种量调节手柄,在各输种管下口用容器接好;初步调整排种器预定工作长度;接合传动机构,转动行走轮2~3圈,使种子充满排种器,并倒净落入容器中的种子,重新放好;转动地轮使种子充满排种器。

④以每分钟20~30转的转速均匀转动地轮N圈(一般取30圈),将接种器内的种子进行称重,称重量记录为Gs。

⑤播量计算。计算地轮转动N圈后,种子的理论排量G_1。

根据农业技术规定的亩播量,计算行走轮转动一定圈数后,每个排种器应排出的种子量(G_1),其公式为:

$$G_1=\frac{\pi DNBQ(1+\delta)}{666.7}$$

式中:Q——亩播量(千克);

B——行距(米);

D——播种机行走轮直径(米);

N——行走轮转动圈数;

666.7——每亩的面积数(平方米)。

δ——播种机行走地轮的滑移率,一般为3%~5%(视土壤干湿及疏松程度而定)。

⑥播量调整。通过改变传动比或调整排种器来达到。在调整时,必须注意使同一播幅内的各个排种器播量一致,要求误差不超

过 ± 4%。

结果验证：理论 G_l=实际 Gs，其误差

$$\frac{|G_s - G_l|}{G_l} \times 100\% \leq 1\% \sim 2\%$$

如误差＞2%，应重新调整播种量。若理论 G_l＞实际 Gs，应增加槽轮工作长度。反之，减小槽轮工作长度。播种量也可通过改变传动装置传动比进行调整。如不合要求，重新调整后再做试验，直到符合要求为止。

58. 如何调整条播机播种深度和行距？

（1）播种深度决定于开沟器的开沟深度，一般2~7厘米。如果开沟深度不能满足播种深度要求时，改变入土深度。对于开沟器直接安装在机架上的播种机，通过开沟器柄上的安装孔可上下调整开沟器工作深度，向上移动开沟器，入土角变小，播种深度变浅；向下移动开沟器，入土角变大，播种深度变深。

（2）改变开沟器下压弹簧压力大小。对于单体仿形式播种机，通过调整开沟器下压弹簧的工作行程来调整开沟器深度，将开沟器压杆上的山形销向下移动，弹簧压力变小播种深度变浅；山形销向上移动，弹簧压力变大，播种深度增加。

（3）改变地轮上下安装位置。将两销轴拔出，使地轮上移，开沟深度增大，播深增加；使地轮下移，开沟深度减小，播深变浅；调整时，两个地轮要同时进行，以保证整个播种机幅宽内各行播深一致。

（4）对于液压控制深度的播种机，要调节液压缸的收缩长度来调整播深，应根据使用说明书的规定进行操作。

（5）改变开沟器重量。在开沟器上增加配重，能增加播种深度，取下配重，能减小播种深度。作业时应根据土质和播深要求确定是

否增加或减小配重。

(6)行距调整。通过改变相邻开沟器在开沟器梁上的距离来实现。

59. 条播机使用前的检查项目有哪些?

(1)检查各部件紧固情况和变形损坏情况,变形件应予以校正,损坏件应修复或更换。

(2)对各润滑点要进行润滑,加足润滑油。

(3)检查机架和开沟器有无变形和弯曲,机架应成矩形,对边平行度偏差不大于5毫米,对角线偏差不大于10毫米,开沟器梁弯曲度不得超过10毫米。可用拉线方法检查。

(4)地轮应成正圆形,其轴向和径向摆差应不大于10毫米,轴向间隙不超过15毫米,可将地轮支起并转动测定。

(5)检查传动机构的链条紧度是否适当,各链轮是否在同一平面。

(6)检查输种(肥)管是否齐全和有无变形或损坏。

(7)检查各开沟器距离是否相等,偏差不大于5毫米。

(8)检查各排种器(排肥器)工作长度是否相等,其偏差不大于0.1毫米,排种舌与排种轮之间的间隙应一致。

60. 条播机的操作要领有哪些?

(1)工作时,播种机随拖拉机行进、开沟器开出种沟,地轮通过传动装置,带动排种装置和排肥装置工作,将种肥排出,经输种(肥)管落入种沟,随后由覆土器覆土盖种。

(2)悬挂式播种机的升降由拖拉机的液压机构控制。牵引式条播机都装有开沟器起落机构和传动离合器(如内闸轮式升降器),用以操纵开沟器的升降和动力离合;运输时开沟器升起、离合器分离,停止排种和排肥;工作时开沟器降落,接合离合器,排种器和排肥器进行工作。

61.小麦播种机的使用有哪些注意事项?

(1)作业前的保养。要清理播种箱内的杂物和开沟器上的缠草、泥土,确保状态良好,并对拖拉机及播种机的各传动、转动部位,按说明书的要求加注润滑油,尤其是每次作业前要注意传动链条润滑和张紧情况以及播种机上螺栓的紧固情况。

(2)机架不能倾斜。播种机与拖拉机挂接后,不得倾斜,工作时应使机架前后呈水平状态。

(3)调好各种参数。按使用说明书的规定和农艺要求将播种量、开沟器的行距、开沟覆土镇压轮的深浅调整适当。

(4)加好种子试播。加入种子箱的种子,应无小、秕种及杂物,以保证种子的有效性;种子箱的加种量至少要能盖住排种盒入口,以保证排种流畅。为保证播种质量,在进行大面积播种前,一定要试播20米,观察播种机的工作情况,确认符合当地农艺要求后,再进行大面积播种。

(5)播种。播好第一趟。播第一趟时,力求开直,便于以后进行中耕作业。农机手选择作业行走路线,应保证加种和机械进出方便,播种时要注意匀速直线前行,不能忽快忽慢或中途停车,以免重播、漏播。播种行走路线,一般采用棱形播法。为防止开沟器堵塞,播种机的升降要在行进中操作,倒退或转弯时应将播种机提起。首先横播地头,以免将地头轧硬,造成播深太浅。

(6)经常观察。播种时经常观察排种器开沟器、覆盖器以及传动机构的工作情况,如发生堵塞、粘土、缠草、种子覆盖不严,应及时排除。调整、修理、润滑和清理缠草等工作,必须在停车后进行。

(7)保护机件。播种机工作时,严禁倒退或急转弯,播种机的提升或降落应缓慢进行,以免损坏机件。

(8)注意种子箱。作业时种子箱内的种子不得少于种子箱容积的1/5;运输或转移时,种子箱内不得装有种子,更不能装其他重物。

(9)播完一种作物,要认真清理种子箱,严防种子混杂。

(10)化学肥料对金属有腐蚀作用。因此,播种后应及时清理肥料,以免锈蚀肥箱。

62.什么是玉米精量半精量播种机械化技术?

玉米精量播种机械化技术是指用精量播种机械将玉米种子按农艺要求的播量、行距、株距、深度精确播入土壤的技术,包括种子处理、精量播种和化学防治等内容。玉米精量播种机可一次完成开沟、施肥、播种、覆土和镇压等多项作业,可有效降低作业成本,大幅度提高作业效率;可实现标准化种植,利于机械化田间管理和收获作业;播种质量好,出苗整齐;节省种子,减少间苗作业。在生产实践中表现出省种、省工、省时、省肥、省药。促进提早出苗,达到苗齐、苗全、苗壮,加快了玉米的生长发育进程,提高了玉米产量和玉米种植效益等优势。主要有三种方法。

(1)全株距精量播种。适用于水、肥条件好的耕地,所用的种子纯度高、发芽率高,病虫害防治较好的地块。

(2)半株距精量播种。即播种株距为正常农艺要求株距的一半,如发生缺苗,可采取前后借苗的方法补缺。此法保苗率高,间苗省工。

(3)半精量播种。每穴播1~3粒种子,每穴单双籽粒占70%以上。应用此法播种,苗期容易发生小苗争肥现象,间苗时费工且易伤苗。

三种方法相比,第一种方法最佳,后两种方法在种子出苗率低的情况下采用效果较好。

63.玉米精量半精量播种技术有哪些要求?

(1)亩播量。根据玉米品种不同以及地区农艺要求差异,各地对玉米播种作业要求也不尽一致。春玉米一般亩播量为1.5~2千克(亩保苗2500~3500株)。作业时,半精量播种单双籽率大于70%,精量播种单粒率大于90%。

(2)播种深度。玉米适宜播种深度为2.5~4.5厘米。沙土地和干旱地区播深应适当增加,西北干旱地区播深一般控制在4~6厘米,并保证播深一致,覆土均匀。

(3)实施播种时,要求机具行走播行要直,行距一致。在播行50米长度范围内,其直线度偏差不大于5厘米;实际行距与规定行距差不大于2厘米,播幅间邻界行距差不大于4厘米。目前,常用的玉米精量半精量播种机有气吸式播种机、侧充式播种机、免耕覆盖深施肥精量播种机等。

64.玉米精量半精量播种机具维护保养及常见故障排除方法。

(1)由于玉米播种机具结构性能一般比较复杂,特别是气力式播种机具更为复杂,使用过程中更要经常进行细心的维护保养。每班作业后应及时对机具进行清理,各润滑处随时补填润滑剂。作业过程中升降机具要缓慢平稳,切忌猛然起降,避免对机具造成撞伤而损害机上部件,作业季节结束时要立即进行全面检修和维护保养,发现损坏的零部件要予以更换,并对机具进行彻底清理,入库前涂刷防腐防蚀保护剂。

(2)作业过程中要加强机具工作状态的观察,出现非正常工作现象要立即停机检查,找出原因并彻底排除后才可重新播种作业。

(3)在播种作业中发现有以下故障时须及时排除:①播种粒距变幅异常故障,可能是投种距离不合适,可调整投种口与种床间的距离;②气力式排种器出现断续无排种,可能是风机工作不平稳,应检查风机工作是否正常,不正常时要调整风机转速;③机械式排种部件出现籽种破碎较多,可能是排种轮、刮种板及排种口间隙不对,应调整到合适间隙范围内;④播后种子覆土不严,可能是覆土装置偏高,应适量调低覆土装置。

65. 什么是马铃薯生产全程机械化技术?

以机械化种植和机械化收获技术为主体技术,配套机械化深耕和中耕培土、机械植保、机械杀秧技术及耕整地技术等,从而改进现有马铃薯生产方式,促进马铃薯产业的快速发展。机械化种植可节约种薯,提高产量,提高工效,节省劳动力,并且苗齐、苗壮,种植行距、株距、播深一致,且有利于机械化中耕、培土和收获作业。机械化收获可降低收获过程中的损失率,提高工效,能做到适时、快速收获,减少冻伤,便于运输、贮藏和外销加工。适用于旱作及灌区马铃薯作物生产。

66. 马铃薯生产全程机械化技术主要内容有哪些?

(1)马铃薯播种机械化技术。利用马铃薯播种机械一次完成土壤旋耕、施肥、喷药、播种、起垄、覆膜等复式作业。

(2)马铃薯培土机械化技术(上土机)。马铃薯在出苗后未顶破地膜前使用上土机在膜面上覆盖一层土,可防止太阳晒坏芽,防草,防青头。

(3)马铃薯植保机械化技术。利用喷雾机进行马铃薯杂草及病虫害防治。

(4)马铃薯杀秧机械化技术。收获时若秧、草较多,难以实现机械收获，必须用杀秧机将秧、草粉碎，为机械收获创造条件。

(5)马铃薯收获机械化技术。当田间马铃薯植株大部分茎叶干枯、块茎停止膨大而易与植株脱落时，用挖掘收获机进行田间作业，可以一次性完成挖掘、薯土分离、机后铺薯块三道工序，省工省时。

67.马铃薯全程机械化技术模式有哪些?

模式1:翻地(犁)→轻耙(耙)→播种(起垄施肥播种机)→中耕(中耕培土机)→喷药(喷杆喷雾机)→割秧(杀秧机)→挖掘(挖掘收获机)。

模式2:深松旋耕(旋耕机)→镇压(镇压器)→施肥播种起垄铺膜(起垄覆膜播种施肥机)→中耕培土(上土机)→喷药(喷杆喷雾机)→割秧(割秧机)→收获(挖掘收获机)。

68.马铃薯生产全程机械化机具选型方法?

(1)播种机械

①大垄双行马铃薯覆膜施肥播种机。有旋耕起垄型和圆盘起垄型两种，整地质量较差的地块选旋耕起垄型，整地质量较好地块选用圆盘起垄型。使用该机起垄高、整地细，适合马铃薯膨大，种子深浅、行距和轴距均匀可调，可一次完成开沟、施肥、播种、起垄、喷药、铺膜，能满足各项农艺要求，使用本机省人工、出苗齐、保水分，提温度、薯形好、产量高。

②双垄单行马铃薯施肥播种机。该机可一次完成开沟、施肥、播种、喷除草机、起垄等作业，能满足各项农艺要求，适宜在不覆膜的情况下使用。

③滴灌型大垄双行马铃薯覆膜施肥播种机。增设滴灌装置，为节水灌溉打下了良好基础。在干旱缺水地区应用，节水效果好，水资源利用率可达90%以上。

（2）马铃薯培土机械。在高垄覆膜种植地块，选用马铃薯上土机，在出苗后未顶破地膜前用上土机在垄上覆盖一层土，以防太阳晒坏马铃薯芽，防青头，上土后苗可自己长出来，免去了抠膜放苗之苦。在未覆膜地块，可选用马铃薯中耕培土机，进行中耕上土。

（3）植保机械。马铃薯早、晚疫病和虫害高发，病虫害防治工作尤为重要，要结合农村实际选用植保机械。小地块以小型为主，可选用背负式机动喷雾、喷粉机具和电动喷雾机等，大地块，选用动力喷雾机和喷杆喷雾机。

（4）杀秧机械。用专门用于马铃薯秧苗的秸秆粉碎还田机，即杀秧机，可一次完成垄顶和垄沟的秧茎秆粉碎清理，而不伤害到马铃薯。

（5）马铃薯收获机

①分段收获。挖掘后需人工捡拾。收获大垄双行宜选用4U-83、4U-90型，收获2行单垄单行宜选用4U-100型、4U-110型马铃薯收获机，在大地块可选用4U-180型马铃薯收获机。

②联合收获。在马铃薯种植规模较大的地区，宜引进马铃薯联合收获机，加装分级装置，一次作业实现收获、分级及包装工序，降低收获成本，提高生产效率。

（6）深松耕整地机械。马铃薯种植地块宜选用深松旋耕联合整地机作业，为马铃薯生长创造良好的土壤条件。

69. 马铃薯生产全程机械化机具安全操作注意事项有哪些？

（1）认真阅读《机具使用说明书》，严格遵守操作规程。

（2）每次作业前必须检查各紧固件连接是否牢固，如有松动予以排除。旋耕播种机、上土机和杀秧机作业，不准在起步前将刀片入土或猛放入土。杀秧机空运转或作业时，严禁机后站人，严禁人体触摸运转部件。清除机具上的缠草、杂物或紧固、更换易损件时,须先切断主机动力,在发动机熄火后进行,严禁机器运转时进行维修或调整操作。机具升起后,应可靠支撑,否则禁止在机器下面进行检查维修。

(3)作业时,不准急转弯和倒退。转弯或倒退时,应先将旋耕机升起;地头升降,须减慢转速,不准提升过高。防止链条传动装置缠绕手或手臂;发动机运转时不得打开或拆下安全防护罩。机器运转时禁止靠近万向节传动轴,否则可能导致身体缠绕造成人员伤亡事故。

(4)工作时,应清除或避开田间障碍物,严禁刀片碰撞硬物,以免刀片断裂飞出伤人。遇到较大沟埂、转弯、倒退时,要及时切断拖拉机输出动力,同时提升起还田机,以免损坏万向节及还田机,严重时,万向节折断伤人。

70.播种机具维护保养和常见故障排除方法有哪些?

(1)在作业季节,每天播种后要进行一次维护保养,及时清除机具上的杂物、泥土等,检查联结件是否紧固,同时对各润滑处加添润滑油;机具作业过程中操作手要关注机具工作状态,发现有异常现象时立即停机检查并排除异常后方可继续开机作业;播种季节结束时,要对机具进行全面维护检修,损坏或缺失的部件应修复或配齐,机具清洁处理后,刷涂防锈剂存放保管,供来年使用。

(2)播种作业中机具有可能出现排种量不均匀、个别排种器不见排种或断续排种等小故障,机手要随时观察并能及时发现排除。若排种量不均匀,重点检查排种部件是否松动或出现了磨损,针对问题或紧固或更换新件,同时检查驱动轮工作是否符合作业要求,不符时要调整作业速度直至达到要求;若个别排种器工作异常,要重点检查是否堵塞了排种口，对堵塞物进行清除后即可恢复正常作业。

71.免耕播种机作业中的使用与调整？

(1)作业前，首先要选择与机具相匹配的拖拉机和万向节，机具与动力配套后，要使机架左右、前后(此时万向节与机具水平面的夹角应在+10度范围内)保持水平状态，如不符，可通过调整拖拉机悬挂机构的左右拉杆及中央斜拉杆长度来解决。

(2)起步时，要在机具刀具离地15厘米时结合动力输出轴，使其空转1分钟，挂上工作挡，缓慢松开离合器踏板；同时操作拖拉机液压升降调节手柄，随之加大油门，使机具逐步入土，直到正常播深为止。

(3)作业时，机具的前进速度不宜太快，一般应保持在1~3千米/小时范围内，在行驶中要保持匀速直线前进，尽量避免中途变速或停机。如确需停机时，切勿将机具前后移动，以免造成重播或漏播。

(4)地头转弯时，应先切断机具动力，将机具升起后再转弯；机具下落时，应先使刀具转动正常后，方可入土，并做到在行进中缓慢下降，切忌急降机具，以免损坏刀具和使种、肥开沟器堵塞。

(5)作业中，注意及时加种(肥)，种(肥)箱内的种子和化肥量不得少于种、肥箱容积的1/4。当土壤相对含水率≥70%时，应停止作业。

(6)液压机构操作，机具与带有力调节、位调节液压悬挂机构的拖拉机配套作业时，禁止使用力调节，工作时使用位调节，必须将力调节手柄置于“提升”位置；机具下降，位调节手柄向下方移动，反之机具上升，当机具达到所需的深度后，用定位手轮或限位挡块将位调节手柄挡住，以利于机具每次下降到同样的深度。机具与带有分置式悬挂机构的拖拉机配套时，分配器手柄置于“浮动”位置；机具入土深度合适时,定位卡箍挡块调到一定的位置固定下来;提升或下降机具,手柄向“提升”或“下降”方向移动,达到要求位置应迅速回到“浮动”位置。

(7)播种、施肥深度的调整。改变拖拉机后悬挂上拉杆的长度和两组镇压轮两侧摇臂上限位销的位置,可同步改变播种和施肥深度,同时耕深也同步改变。分别改变种、肥开沟器的安装高度,可分别调整播种和施肥深度。

(8)镇压器的调整。通过改变两组镇压轮两侧摇臂上限位销的位置实现镇压力的调整,限位销越向下移,镇压力越大。

(9)注意检查排种(肥)器、输种(肥)管排种(肥)情况和播种质量,发现问题,及时解决。如要检查旋转部件或更换零部件时,应切断机具动力,必要时,可关闭发动机。机具转移地块时,应将机具升起至最高位置,并用锁紧装置将农具锁定在运输位置。

(10)机具每工作1个班次,应检查各紧固件、旋转刀具、齿轮箱油位,向各轴承注油嘴、万向节伸缩管、链条等部位加注润滑油、脂。每次作业完毕,要及时清除分草圆盘、开沟器和镇压轮上的泥土,要特别注意将排肥系统清洗干净。

72. 免耕播种机常见故障及排除方法有哪些?

(1)整体排种器不排种。原因:种子箱缺种,传动机构不工作,驱动轮滑移不转动。应加满种子,检修、调整传动机构,排除驱动轮滑移因素。

(2)单体排种器不排种。原因:排种轮卡箍、键销松脱转动、输种管或下种口堵塞。应重新紧固好排种轮,清除输种管或下种口堵塞物。

(3)播种量不均匀。原因:作业速度变化大、刮种舌严重磨损、外槽轮卡箍松动、工作幅宽变化。应保持匀速作业,更换刮种舌,调整外槽轮工作长度,固定好卡箍。

(4)播种深度不够。原因:开沟器弹簧压力不足;开沟器拉杆变形、使入土角变小。应调紧弹簧,增加开沟器压力;校正开沟器拉杆,增大入土角。

(5)种子破碎率高。原因:作业速度过快,使传动速度高;排种装置损坏;排种轮尺寸、形状不适应;刮种舌离排种轮太近。应降低速度并匀速作业、更换排种装置,换用合适的排种轮(盘),调整好刮种舌与排种轮距离。

(6)漏种。原因:输种管堵塞脱落,输种管损坏;土壤湿黏,开沟器堵塞;种子不干净,堵塞排种器。应经常检查排除,在合适条件下播种,将种子清洗干净。

(7)开沟器堵塞。原因:播种机下降过猛,土壤太湿,开沟器入土后倒车。应停车清除堵塞物,注意适墒播种,作业中禁止倒车。

(8)覆盖不严。原因:覆土板角度不对,开沟器弹簧压力不足,土壤太硬。应正确调整覆土板角度,调整弹簧增加开沟器压力,增加播种机配重。

(9)行距不一致。原因:开沟器配置不正确,开沟器固定螺钉松动。应正确配置开沟器,重新紧固。

73.旋播机选购和作业时应注意什么?

多功能免耕旋播机可播种小麦、玉米、豆类等农作物,不但可种、肥分施,而且深浅一致,行距稳定,覆土良好,精量播种,节省种子,节省能源,工作效率高,经济回报快。作业时应注意以下7点:

(1)一般用户的动力机械都是固定的,故而在挑选免耕旋播机时要特别注意所选机型的配套动力,动力不足无法正常工作,动力过大造成动力浪费。播种机的挂接方式有悬挂、半悬挂和牵引3种，选购时应检查挂接方式是否配套。

(2)在正式播种时应在地头试播10~20米，观察播种机的工作情况，能达到当地农艺要求后再正式播种。

(3)播种时后踏板上应站有工作人员，经常观察排种、排肥器、开沟器、伏土器以及传动机构的工作情况是否运转正常，如发生堵塞、黏土、缠草、种肥不均、覆盖不严应及时停车以排除。注意：后脚踏板上的工作人员应双手握紧扶手，避免起步停车时所产生的惯性将工作人员甩落发生危险。

(4)旋播机工作时严禁倒退或急转弯，播种机在提升或降落时应缓慢进行以免发生危险和损坏机件。

(5)工作时种子箱、肥料箱上面不得装压其他重物，以免造成堵塞。

(6)调整、修理、润滑或清理缠草等工作时，必须在停车后进行，在横播地头时必须慢行，地块不平时严禁播种。

(7)每日工作完成后，应进行保养，彻底清除转动机构、排种器、开沟器、种肥箱、机架等部位的泥土和杂草，以便检查各部位的技术状态。

74.如何安全使用播种机？

(1)拖拉机与播种机之间必须设置联系信号。

(2)连接多台播种机时，各连接点必须刚性连接，牢固可靠，并设置保险链。

(3)播种作业时，要随时注意地面情况，如遇坑沟、石头、电杆、树木等障碍物时，应立即停机，不得强行通过。正常播种时，不得随意停机，以免产生断条现象。

(4)作业时,操作人员应坐(站)在规定位置,不得坐在种子箱或站在拖拉机与播种机之间。工作中,不许用手伸入种子箱或肥料箱内去扒平种子或肥料,排种装置及开沟器堵塞后,不准用手或金属件直接清理,进行清理或保养时,开沟器必须降至最低位置。悬挂式播种机,在提升、转弯或运输时禁止站人或坐人。

(5)播种机开沟器落地后,拖拉机不准倒退,以免损坏机器。地头转弯时须升起开沟器和划印器,不许转圈播种。

(6)播种药种子或播种兼施化肥时,机手须穿戴好防护用品,作业后要洗净手、脸。

(7)转移地块或短距离运输时,开沟器必须处在提升位置,并将升降杆固定;长距离运输时,必须装车运送。

(8)播种机的调整、维修、保养、加种等,只能在停机后进行。严禁在播种作业时进行调整、清理和润滑。播种机在升起状态下检修,应有安全保护措施。

(9)夜间播种必须有良好的照明设备。

(10)作业结束后,应清理种、肥箱,放松压紧弹簧,并给开沟器涂油,维护保养。

75. 怎样维护保养播种机?

(1)播种前,应及时向各注油点注油,保证运转零件充分润滑。丢失或损坏的零件要及时补充、更换和修复。注意不可向齿轮、链条上涂油,以免黏满泥土,增加磨损。检查播种机与拖拉机连接是否牢固,种肥箱、排种器是否有杂物,开沟器、覆土器、镇压轮是否完好,发现问题及时解决。

(2)作业中,各排种轮工作长度相等,排量一致。播量调整机构灵活,不得有滑动和空移现象。应仔细观察播种机工作情况,是否符合农艺要求。机具应匀速前进，播种深度3~5cm，施肥深度8~10cm。圆盘开沟器圆盘转动灵活，不得晃动，不与开沟器体相摩擦。作业中如排种器不排种，输种管出现堵塞，开沟器、覆土器工作出现异常，应及时停机，排除故障后再继续作业。

(3)每班作业后，要及时清除开沟器、镇压器、地轮的泥土和缠草；清理种箱内剩余的种子，以免再播种时因种子不同而造成排种器出现故障；应将化肥箱内的肥料清扫干净，以免化肥腐蚀肥料箱和排肥部位。检查排种轴及排肥轴是否转动灵活。检查机具的紧固件连接情况，如有松动应固牢；向各轴承注油嘴、链条加注润滑油(脂)。应把播种机停放在干燥有遮盖的棚内。露天停放时，要将种肥箱盖严。

(4)季后不用时，应对机器进行全面保养，并更换已损坏机件，保养合格后放置在库房内保管。停放时落下开沟器，放下支座将机体支稳，使播种机的机架减少不必要的负荷。

76.播种机常见故障及排除方法有哪些?

(1)播种器不排种(肥)。①种(肥)箱内缺种(肥)，应加足种(肥)；②传动机构不工作或地轮不转动，应检修传动机构和地轮；③排种(肥)轮卡箍、键销松脱转动，应重新紧固好排种(肥)轮；④输种(肥)管或排种(肥)器口堵塞；消除输种(肥)管或排种(肥)将口堵塞物。

(2)播种(排肥)量不均匀。①排种(肥)舌磨损严重，应更换排种(肥)舌；②外槽轮卡箍松动，有效工作长度发生变化，应调整好外槽轮有效工作长度，固定好卡箍；③作业速度变化大，应使作业速度保持均匀。

(3)种子破碎率高。①作业速度过快，传动速度高，应降低作业速度并匀速作业；②排种（肥）装置损坏，应更换排种（肥）装置；③排种轮（肥）尺寸、形状不适应或排种舌离排种轮太近，应换用合适的排种轮，调整好排种舌与排种轮的距离。

（4）播种深度不够。开沟器弹簧压力不足；开沟器拉杆变形，使入土角变小。应调紧弹簧，增加开沟器压力；校正开沟器拉杆，增大入土角。

（5）开沟器堵塞。播种机落地过猛、土壤太湿，开沟器入土后倒车；机器落地应缓慢，注意适墒播种，作业中严禁倒车。

（6）覆土不严。因覆土板角度不当，应调整覆土板角度；开沟器弹簧压力不足，土壤太硬，应调紧弹簧增加开沟器压力，适当增加播种机配重。

77. 铺膜播种机的种类和功能有哪些？

铺膜播种机具有两种类型，一类是先将种子播入土壤再将地膜覆盖在地表的联合作业机械，俗称“先种后铺”。其优点是出苗前地膜完整，保温保墒好。缺点是出苗后需人工破膜放苗，耗工费时。典型机型有马铃薯播种铺膜机，由轮式拖拉机配套，一次完成起垄、播种和铺膜作业，一垄可播2行，马铃薯发芽后再用上土机在膜上盖上一层土，苗即可从膜上顶出，省工。还有一种类型是覆膜的同时在膜上打孔点播，如系列玉米铺膜播种机和小麦铺膜穴播机，该机膜上播种机构是滚筒式打孔穴播器，滚筒外鸭嘴式成穴器随滚筒转动成穴入土播种。

78. 什么是膜侧沟播机械化高产栽培技术？

膜侧沟播机械化高产栽培技术是一项旱地粮、经作物突破性的节水抗旱增产新技术，也是将地膜覆盖、机械精量半精量播种和机械深施化肥等技术组装配套形成的一项综合技术。适用于冬小麦、春小麦,玉米、马铃薯,尤其是谷子、糜子、胡麻等粮、经作物。其优势:集雨保墒,抗旱节水;提高地温;易实现机械化作业;一般可节种10%左右,比人工铺膜节省地膜20%~30%。

79.穴盘育苗播种机的工作过程?

(1)穴盘上机。操作人员将穴盘均匀、平整、连续不断地放到装播线胶带输送机的起始处。

(2)填土。穴盘在胶带输送机上匀速传送到床土箱下,自动向穴盘填装营养床土。

(3)刷土。穴盘中营养床土在传送过程中填实,使土表面与穴盘上平面形成间隙,为播种后的覆土留出空隙。

(4)喷水。穴盘进入喷水箱后,均匀地向穴盘喷洒足量清洁的水源。

(5)播种。穴盘传送到播种箱,经过精量播种装置的控制,准确地向穴盘上每一育苗孔穴中播下1~2粒种子。

(6)覆土。进入覆土箱后,向已播下种子的穴盘均匀撒下薄薄一层松散表土覆盖种子。

(7)刮土。穴盘传送到刮土器时,将穴盘上方多余营养土刮去,平整表面。

(8)卸下穴盘。穴盘脱离刮土器继续传送时,人工将穴盘放到车辆上,准备移至温室或育苗大棚内,进入苗期管理。

80.穴盘育苗播种机怎样维护保养?

(1)作业前,应对填土、喷水、播种、覆土、刮土装置等主要机件进行检查、调节、校验,使其工作正常,发现故障及时排除。

(2)作业中,应细致观看各工件运转状况,如发现输送带出现运转异常、喷水装置不喷水、播种装置不播种、覆土装置不覆土、刮土器不工作,应及时停机,查找原因,排除故障。

(3)作业后,对全机主要工作部件进行清洗、检查、保养,使各工作部件处于良好状态。

(4)季后长期不用时,应按产品说明书规定,对机器进行一次全面保养、维修后,放置在通风干燥室内保存。

81.悬挂式起苗机的工作过程?

悬挂式起苗机工作时,通过1个上悬挂点、2个下悬挂点挂接在拖拉机后右侧,当操纵悬挂液压手柄在“下降”位置时,挖苗犁刀切入土壤,随着拖拉机向前行进而切断苗根,随之碎土杆将苗根部土壤抖落。

82.振动式起苗机工作过程?

振动式起苗机有4个支承轮,除水平起苗刀外,还有垂直切根器,当操纵手柄在“下降”位置时,起苗铲刀自动入土,拖拉机边前进,边振动铲刀往复运动,振动筛随后把苗根上土壤完全振落。

83.如何维护保养起苗机?

(1)作业前,检查起苗机与拖拉机挂接装置和其他工作机件是否紧固,如有松动应固牢。

(2)作业中,犁刀、碎土板、侧板等工作部件如有松动或损缺不能工作,应停机检修,排除故障后,再继续作业。

(3)作业后,应清除机器上的泥土和缠草,并向注油点加注润滑油或润滑脂。

(4)季后不用时对机器进行全面保养,之后入库保存。

84.施肥机的维护保养?

(1)作业前,检查拖拉机与施肥机的各部连接是否紧固,开机试运转看是否正常,若有故障应及时检修排除。

(2)作业中,开沟器、播种施肥器、覆土器等工作部件若有机件损坏，应停机修复。机器不能带“病”作业，否则影响作业质量。

(3)作业后，应清除机器上的泥土和杂物，使种肥箱、输肥管、排肥器等机件处于良好状态，并按规定给传动和行走部件润滑点加注润滑油或润滑脂。

(4)季后机器长期不用时，应对机器进行一次全面保养之后将机器放置在通风干燥室内保存。

85. 什么是旱地化肥深施机械化技术?

化肥深施是相对于化肥撒施或浅施而言的。一般将化肥施于地表以下6～10厘米为深施。化肥深施机械化技术既能提高肥效，又能降低生产成本，增加农产品产量。试验证明，深施碳酸氢铵、尿素比表面撒施相比，氮的利用率分别由27%和37%提高到58%和50%，深施比表施其利用率相对提高115%和35%。在同等条件下，机械深施与人工地表撒施相比，小麦、玉米可增产，增产幅度平均在5%～15%。

86. 底肥深施机械化技术的农艺要求有哪些?

由于各地自然条件和作物种类不尽相同，所以对机械深施底肥的作业质量要求也不完全一样。主要有以下几点：

(1)耕深均匀，沟底平整。

(2)施肥深度大于6厘米，肥带宽度3~5厘米。

(3)施肥量要满足作物栽培的农艺要求，排肥连续均匀，无明显断条。

(4)先撒肥后耕翻，要注意撒施均匀，耕翻后化肥入土，深度大于6厘米，地表面无可见的化肥颗粒。

87. 底肥深施机械的操作要领及注意事项有哪些?

(1)在作业开始时，视情况在田间选若干个点作土壤截面观察，观测肥粒距地表和种子(植株)的平均距离，如符合要求方可投入正常作业。

(2)在施肥作业中要注意勤观察,重点是肥箱中化肥量、排肥量是否正常,发现化肥架空或排肥管堵塞,应立即停车予以排除。同时注意对行作业以避免漏施和损伤作物。

(3)注意对施用的化肥密封保管,特别是易挥发肥料品种要在用时开封,用后将袋口扎紧,尽量避免化肥同空气长时间接触,以防不必要的挥发损失。

(4)肥箱的化肥量应占容积的1/3以上。

(5)在作业前进行技术状态检查,检查施肥机械或装置各连接部件是否紧固,润滑状况是否良好,转动部分是否灵活。

88. 什么是种肥深施机械化技术?

种肥深施应在播种的同时一次完成。主要是通过安装在播种机上的肥箱和排肥装置来完成。要求机具不仅能较严格地按农艺要求保证种、肥的播量、深度、株距和行距,而且在种、肥间形成一定的厚度,一般在3厘米以上的土壤隔离层,既满足作物苗期生长的需要,又避免种、肥混合出现烧种、烧苗现象。按施肥和种子的位置可分为侧位深施和正位深施。

(1)侧位深施种肥。侧位深施种肥应施肥于种子的侧下方,小麦种肥一般在种子的侧下方各2.5~4厘米,玉米一般在侧下方3.5厘米,肥带宽度宜在3厘米以上,肥条均匀连续,无明显断条和漏施。

(2)正位深施种肥。正位深施种肥应施肥于种床正下方,肥层与种子之间的土壤隔离层在3厘米以上,并保证种、肥深浅一致,肥条均匀连续,肥带宽度略大于播种宽度。

89. 种肥深施机械化技术的农艺要求有哪些?

(1)应保证土壤耕深一致,做到土碎田平,土壤虚实得当,无漏耕。

(2)合理施肥,均匀播种,要做到种肥隔离分层播施,防止烧苗、烧种。施后压实,保墒保苗。

(3)尽量采用复式作业,以减少机械进地次数,保证播种、施肥质量。常用机具种、肥深施机具有种肥分施播种机等。

种肥深施的操作技术要求和注意事项与底肥深施的相同。

90.什么是追肥深施机械化技术?

按照作物生长和农艺要求,使用追肥作业机具,一机完成开沟、排肥、覆土和镇压等多道工序的作业,称追肥深施机械化技术。要求追肥机具有良好的行间通过性能,对作物后期生长无明显影响(如伤根、伤苗和倒伏等),追肥深度(以作物植株同地面交点为基准)应为6~10厘米。追肥部位应在作物株行两侧的10~20厘米(视作物品种而定),肥带宽度大于3厘米,无明显断条,施肥后及时覆盖严密。

因种植作物和各地区的土壤结构不同,各地对追肥的农艺要求也不一样。以玉米为例,玉米是一种需肥较多、吸肥集中的作物,出苗后单靠基肥和种肥不能满足拔节孕穗和生育后期的需要,必须通过追肥来供给生长后期的养分。但追肥的用量和次数要根据土壤质地来决定,对质地较黏重的土壤,保肥力较强,可一次追入,而轻壤和沙壤土,漏水漏肥,保肥力差,应采用少量多次追肥的办法。

三、田间管理机械

91.如何正确使用中耕机?

(1)驾驶员起动发动机后,逐步加大油门,慢慢接合离合器,中耕机平稳运转后起步投入作业。

(2)根据不同的中耕要求和土壤条件,选用适合的工作部件。如松土选用松土铲,除草选用除草铲,培土选用培土器等。

(3)将工作部件排成两列,并保持一定的距离,随着中耕次数的增加,中耕深度也逐渐加深。

(4)为防止埋苗,作业时要留出护苗带。

(5)中耕机作业时,行走路线要直。

(6)操作中,驾驶员要注意观察中耕深度、行进速度、护苗带的预留和作业的效果,发现问题应及时纠正。

92.中耕机使用中的注意事项有哪些?

(1)作业前,要认真检查燃油箱的燃油,水箱的冷却水和齿轮箱的润滑油是否足够,若不足,应添加,以免损坏机件或延误作业进度。

(2)过田埂、水沟时人应离座,扶机缓慢通过,严禁高速冲过田埂、水沟。

(3)当中耕机发出异常响声,应立即停机检修。

93.中耕机如何维护保养?

中耕机品种型号较多,包括拖拉机牵引悬挂式中耕机、微耕机和田园管理机等。以微耕机为例说明其维护保养技术。

(1)整机磨合。新购或大修后的微耕机,在投入作业前,应在无负荷条件下,发动机空转磨合15~20分钟。开始先低速运转5分钟,之后逐渐提高至中速运转5分钟,最后高速运转5~10分钟。发动机磨合后,微耕机在无负荷条件下工作1小时,在轻负荷条件下工作5小时后,趁热立即放出变速箱、行走箱、曲轴箱内的全部润滑油,然后加入适量清洁柴油急速运转3~5分钟予以清洗,将柴油放净,再重新加入新润滑油磨合3~4小时,方可投入正常作业。

(2)技术保养。每班保养:微耕机在每班作业前和作业后的保养称为每班保养。

①倾听和观察各部分有无不正常的响声、过热和螺栓松动现象。

②检查汽油机、变速箱、行走箱有无漏油现象。

③检查汽油机的变速箱油面是否在油尺上、下刻线之间,高出放掉,不足添补。

④及时清除整机及附件上的污垢、杂草。

⑤填写好耕作记录。

一级保养:微耕机在工作150小后的保养称为一级保养。

①完成每班保养的全部内容。

②清洗变速箱、行走箱并更换机油。

③检查并调试离合器、前进挡和后退挡。

二级保养:微耕机工作800小时后的保养称为二级保养。

①完成一级保养的内容。

②检查所有齿轮及轴承,如磨损严重应换新件。

③检查其余零件,如旋耕刀片、连接螺栓等,如有损坏,应换新件。

(3)技术检修微耕机在工作了1500~2000小时后,应到当地特约维修站进行维护,并请专业技术人员检查摩擦片、离合器片等。

94. 植保机械如何分类?

(1)植保机械按防治方法可分为生物防治器械、物理防治器械和化学防治机械。生物防治器械是指繁殖、施放害虫天敌和喷施生物农药的植物保护器械和装置;物理防治器械是利用微波、激光、高频与高压电场和磁场等的物理效应,驱赶或杀死鸟兽、害虫、病菌、杂草等的植物保护装置;化学防治机械是将一定量的农药药液(粉、粒)均匀喷洒(撒)在作物等目标物上的机具。它是现阶段植物保护机械化的主要手段,也是通常狭义上所说的植保机械。

(2)根据施药方法的不同,可分为喷雾机械、喷粉机械、喷雾喷粉两用机械、拌种机、土壤消毒机等。

(3)根据动力配备,可分为人力、机动、电动及航空植保机械四种。习惯上把手动的植保机械称为“器”,如喷雾器、喷粉器;把机动的称为“机”,如喷雾机、喷粉机。人力、机动、电动植保机械,又可以统称为地面植保机械。

(4)根据运载方式的不同,人力植保机具可分为背负式、肩挂式、手持式和踏板式;机动植保机具可分为肩挂式、背负式、担架式、机引式、悬挂式和自走式。

(5)根据雾化方式的不同,可分为液力喷雾机、气力喷雾机、热力喷雾机、离心喷雾机、静电喷雾机等。

(6)按施药对象不同分为大田用、森林用和仓库用植保机械。

95. 喷雾作业技术要求有哪些?

(1)根据现有喷雾机具机型、雾化喷头规格,判断其喷洒的雾流等级、雾流形式、粗细度等。

(2)根据病虫草害危害程度、抗药性、农作物状况、农药品种要求确定每亩用药量(可听取当地农艺师意见)。

(3)按具体机具喷量和防治要求定每亩药液容量(升/亩)。

(4)按作物受害部位、特点,合理选择喷射方式(如压顶喷、水平沉积法喷、斜切穿透法喷等)。

(5)按田间自然条件、安全要求等定喷射行走方向、防护措施等。

96.喷雾作业注意事项有哪些?

(1)喷雾作业范围宽,药液浓度配制有差别,农机手要了解现有机具类型、配套喷头规格,判断(或选用)雾流等级,然后确定选用哪级喷洒容量。

(2)喷雾机具要加强药液输送系统的清洗;要定期检查喷孔尺寸,超差要及时更换喷片。机动机具要注意转速、液压、风压和喷量等性能参数的稳定性,如有较大变化应停机调整。

(3)对旧机具要加强维修保养,要重点检查油路和电路等,田间作业要注意安全保护和按章操作。

97.常用机动植保机械的性能和使用特点有哪些?

机动植保机械的生产率高,被广泛地用于大面积农田、果园、森林的病虫害防治,其性能和使用特点有:

(1)喷雾机对药液施加一定压力,使之通过喷射部件后呈细小雾滴喷洒在作物上,具有结构简单、雾滴射程较远、喷洒均匀、黏着性好、受气候的影响较小等特点,主要用于可湿性粉剂及各种药液的喷洒。

(2)喷粉机利用风机产生的气流使药粉以细小的微粒喷洒到作物上,其优点是不用水、使用方便,但喷洒不均匀、黏附性差、用药量大,受气候条件影响大,且易对环境造成污染,主要用于干旱季节或严重缺水的干旱地区。

(3)弥雾机是一种低容量喷雾机,利用高速气流将喷射部件喷出的粗雾滴进一步破碎并吹送到作物上，具有用药量少、效率高等特点。

（4）超低量喷雾机利用专门的雾化装置，使药液以极细小的雾滴喷洒在作物上，特点是用药量很少（≤0.3升/亩），原药不需稀释或稀释倍数很小，即浓度高，杀虫效果好、药效长，对迟发病虫害有显著的防治效果，但受风力、风向、气温的影响较大，且操作技术要求高。

98. 手动背负式喷雾器使用前需做哪些准备工作？

（1）按照说明书检查各部件是否齐全，是否清洁干净。特别要注意各接头垫圈是否完好。对于新的或放置过久的牛皮碗，应将其浸在机油（或动物油）中胀软后（约24小时），方可使用。

（2）喷头选择。离心式喷头的喷孔有五种规格，直径分别为0.5毫米、0.7毫米、1.0毫米、1.3毫米和1.6毫米。喷孔直径小，雾滴细，适用于作物苗期和矮秆作物；喷孔直径大，雾滴粗，适用于作物生长后期。为了提高喷射效率及对作物的适应性，可以将手持喷杆的形状及喷头做成“一”形喷杆，安装2~4个喷头；做成“T”形喷杆，安装2~3个喷头；或做成“H”形喷杆，安装4个喷头。

（3）机具装配。把喷头和套管连接在喷杆的两端，然后把胶管连接在开关和出水接头上，连接时注意把各接头处的垫圈垫好。连接处螺丝不能拧得过紧，防止滑丝。装配完成后，在机具各活动部位加注润滑油。

（4）试喷。加入清水，上下摇动摇杆，检查各连接部位有无漏气漏水现象。打开开关，观察喷出的雾滴是否正常。如有故障，应查出原因并修复后方可使用。

99. 手动背负式喷雾器如何操作？

（1）加液：关闭开关，将配好的药液从加水盖处的滤网盘倒入。

注意药液不能超过安全水位线。加液后，盖紧加水盖，以免药液被晃出。

(2)喷药。左手摇动摇杆，右手持套管。先摇动摇杆6～8次，即可打开开关，边走边喷雾。工作中，一般每走1～2步，摇动摇杆1次，就能完成正常的作业要求。整个工作过程中加水盖上的气孔要保持畅通，防止药液箱内形成真空。为了避免农药中毒，操作者不能过分弯腰，防止农药漏出。喷雾时注意风向，应做到"顺风喷，倒退喷"。

100. 手动背负式喷雾器如何保养？

(1)每次使用前，在机具各活动部位加注润滑油。所有皮质垫圈、皮碗应浸足机油，保证在使用时具有良好的密封性能。

(2)使用后，打开加水盖倒出剩余药液，再加入清水续喷几分钟。若喷用乳剂或油剂药液，须先用热碱水洗涤机具，再用清水冲净。擦干后，放置阴凉干燥处。切勿与腐蚀性物品堆放在一起。

(3)若长期存放，必须将机具各活动部件，如喷头、喷杆、皮碗、垫圈、螺钉、螺母等，拆下清洗，应将皮碗用机油浸透并封好，将各接头部位擦干后涂抹黄油或机油，用纸包好，并封闭进液口和出液口。以防生锈。将机具存放于阴凉、通风、干燥的地方。

101. 手动喷雾器的使用注意事项有哪些？

手动植保机械具有结构简单、体积小、重量轻、使用维修方便、不需配用动力机械、使用成本低等特点，可广泛用于水稻、旱粮、棉、烟、果、菜等矮秆作物的病虫害防治及卫生防疫。其使用与保养注意事项有：

(1)药液的配制

①百分比浓度法以100千克药液中含原药数量表示。如100千克药液中含原药5千克，即浓度为5%。

②倍数稀释法以1千克原药加水的倍数表示。如1千克原药加水1000千克,其浓度比为1:1000。

③百万分之几(毫克/升)浓度法将原药稀释成几万倍,以百万分之几的浓度表示。

(2)加药、喷药

①加药。往药液桶内加药液时,应经过滤,所加药液不应超过药液桶上所标明的水位线,如加药过多,压缩式喷雾器,因减少了进入药液桶的压缩空气,将导致喷雾不能持久增加泵气次数;对于液泵式喷雾器则可能造成药液从液泵口外溢,影响安全。

②喷药。喷药时应避开雨天、夏日正午和大风等天气,喷药的行进速度和喷头摆动速度应前后均匀一致,使药液均匀地分布在作物上,保证防治效果。切勿停留在一处喷药,以免造成药害。

(3)使用注意事项

①新活塞在使用前应浸入机油或动物油内,浸泡24小时后再使用。

②活塞组件向泵筒内安装时,应注意先将皮碗的一侧斜放在泵筒内,然后使之旋转,将塞杆竖直,用另一只手帮助将皮碗边沿压入泵筒内,即可顺利装入,切忌硬行塞入。

③泵液(或打气)时,动作应连续无冲击,保持塞杆在泵筒内竖直上下运动,不要歪斜,做到上抽时慢,下压时快,以增加活塞的泵液(气)量。当药液达到空气室安全水位线(或抽压塞杆费力)时,应停止泵液(气),以防压力过高而使空气室炸裂。

102. 手动背负式喷雾器摇杆摇动沉重的故障原因及排除方法?

(1)摇杆、连杆等处生锈或润滑不良;拆开清洗,严重的可用砂纸,磨去锈迹,并涂上润滑油。

(2)塞杆弯曲;校直或更换后再使用。

(3)皮碗被卡住;重新装配皮碗,并加注润滑油。

(4)出水阀阻塞;拆开出水阀清洗。

(5)喷射部件阻塞;拆开喷射部件,清除杂物。

103.手动背负式喷雾器雾化不良或不能喷雾的故障原因及排除方法?

(1)开关被黏住;将开关浸入煤油中清洗,装配时在开关芯上涂一薄层油脂。

(2)喷射部件堵塞;检查喷头体上的进液斜孔、胶管、套管滤网及喷孔等部位,清除杂质。

(3)进、出水阀失去作用;清洗进、出水阀。若阀芯玻璃球已损坏,需更换阀芯。

104.如何进行背负式电动喷雾机的维护保养?

(1)日常保养

①清理背负式电动喷雾机表面的油污和灰尘。

②用清水洗刷药箱,并擦拭干净。

③检查各连接处是否漏水、漏油;若有,及时排除。

④检查各部螺钉是否松动、丢失;若有,应及时旋紧或补齐。

⑤蓄电池必须充电后存放,每次使用前进行一次充电,以防止蓄电池电量不足。

⑥保养后应放在干燥通风处,勿近火源,避免日晒。

(2)长期存放保养

①将背负式电动喷雾机表面仔细清洗干净。

②放净药箱和液泵内的药液,并用清水清洗干净。

③蓄电池若长时间不用,应该每隔1个月充1次电。

④各种塑料件不要长期暴晒,不得磕碰、挤压。

⑤整机用塑料罩盖好,放于干燥通风处。

105.什么是喷粉机械化技术?

喷粉防治的特点是粉流的穿透能力比雾流强,能在作物丛中均匀弥漫,对害虫产生触杀熏蒸和窒杀作用,达到较高的防治效果。还可采用粉雾交替减少害虫抗性,尤其对因水分过多产生霉烂病害的防治有显著防效。喷粉机根据配套动力不同可分为机动、手动或拖拉机牵引、悬挂等类型。各种喷粉机械主要由药粉箱、搅拌机构、输送机构、风机喷粉部件等组成。工作时箱内药粉经输粉机构送入风机,在高速气流作用下形成粉流,经喷粉部件喷洒到植株上。

106.喷粉机操作注意事项有哪些?

(1)详细了解机具结构和使用要求。

(2)喷粉量说明书只标最大喷粉量(千克/分钟),如用中间各位置,必须预先喷粉实验。

(3)加药粉前,要先将粉门关好;要预先检查药粉质量,太潮要先晒干,结块要研碎和筛除。

(4)要根据喷粉有效射程、机具喷量和施粉量(千克/亩)来确定行走速度(一般0.5~1米/秒),长薄膜喷粉,幅宽可按条田宽度定(一般10~50米),不同幅宽喷量要预先测定(千克/分钟);Y形、L形俯位喷粉,有效射程受作物疏密影响较大,要预先在田间测定后,再算行走速度。

(5)用粉量(千克/亩)要根据药粉品种和说明书要求以及病虫情等确定,因地制宜,可与当地植保人员商定。

(6)安全要求与喷雾作业要求相同。

107. 什么是弥雾植保机械化技术?

弥雾,就是采用低容量、细雾流、风送喷雾作业。其雾流平均直径在70~125微米,每亩药液容量1~10升,常用浓度约在(100~200):1。其特点是:雾粒平均直径比常规喷雾小一半,每亩用水量比常规喷雾节约70%左右,而每毫升药液形成雾粒数比常规多6倍以上。因此,雾流能更均匀穿透于作物丛中,根据多方试验,弥雾雾粒只要喷到作物叶面每平方厘米20点以上,就可达到较佳防治效果,而常规喷雾要喷到包溶全叶面、叶片滴水才行,因此能省水、省药。常用弥雾机有:背负式喷雾喷粉机带弥雾喷头,弥雾喷头常用三种(固定旋片式弥雾头、固定固边圆孔式弥雾头和旋转式弥雾头),雾粒直径70~125微米,用于稻、麦、棉、豆等大田防治,是我国当前主要防治机型之一。

108. 机动弥雾喷粉机使用与维护保养技术有哪些?

(1)弥雾作业及注意事项。将整机安装成弥雾状态后,向箱内添加药液前,先用清水试喷。若无漏水,且机器运转正常时,再换装药液,加注药液时不应过急过猛,以免药液从过滤网出口外溢进入风机壳内,所加药液要洁净,箱盖应拧紧。在弥雾作业中,应边走边均匀摆动喷管,防止漏喷、重喷。喷洒时只要作物叶片被吹动,雾滴即已到达作物上。停喷或关小汽油机油门之前,应先关闭药液开关,以防喷管滴药。

(2)喷粉作业及注意事项。喷粉作业时所加粉剂应干燥纯净不结块。加粉前应先关闭进风阀及粉门,避免药粉落入喷管造成积粉,然后拧紧箱盖,待启动发动机后,再开进风阀。

(3)维护保养。每班作业结束后,应清除药箱内的残存药液或药粉,擦除机器表面油污和尘土,检查并紧固各部位螺钉,喷粉作业后应清洗汽油机空气滤清器和化油器。

(4)机具长期存放时,应按发动机使用说明书进行维护保养,清洗喷洒部件上的油污。风机外壳及叶轮洗净后应涂上黄油或机油保护,各塑料件不宜暴晒、挤压,整机应存放在通风干燥处。

109.怎样分析和排除机动弥雾喷粉机故障?

(1)不喷雾或喷量减少不喷雾,主要是进风阀未开、药液开关堵塞;喷量减少,主要是药箱不密封,发动机转速低,过滤网进气孔堵塞等。若故障多在喷管向高处喷洒时发生,可适当倾斜喷管,提高发动机转速,疏通各管路。

(2)药液(粉)进入风机主要是进气塞与进气胶圈配合间隙过大、进气胶圈腐蚀失效,或过滤网与进气塞间的软管脱落,或是吹风管与进气胶圈装配不当,使药粉进入风机。排除方法是:更换进气胶圈或在吹粉管周边缠上一层胶布,使之与进气胶圈有一定的密合紧度,或重新装好进气软管。

(3)喷粉量少或不出粉,主要是粉门未完全打开或堵塞,进风阀未开或堵塞、吹粉管脱落或药粉潮湿等原因所致,可根据不同情况采取相应措施予以排除。

110.超低量喷雾技术的特点和类型有哪些?

超低量喷雾机(器),按其动力来源不同,可分为手持电动式及风机气流驱动式。超低量喷雾与普通高、低量喷雾比较,具有以下特点:

(1)喷洒的药液一般为不加水的油剂药液,或稀释倍数极低的乳油剂农药,对缺水的地区特别适宜。

(2)节省农药。

(3)工效高。例如,在背负式机动弥雾喷粉机上装上超低量喷雾装置,其工效是手动喷雾器的数十倍,比机动弥雾机高出数倍。因此采用超低量喷雾能抓住时机,对暴食性和暴发性的病虫害进行及时有效的防治。

(4)药液浓度高,黏附性强,雾滴小,能均匀地覆盖在作物上,药效长,防治效果好。

(5)技术性强,掌握不好易造成药害。

111.什么是静电喷雾技术?

静电喷雾是人为地制造一个高压静电场,使喷出的雾滴带电被吸附在植物叶片表面的一种喷雾方法。静电喷雾的基本原理是通过高压静电发生装置,将12伏直流电变成近20 000伏的高压静电,再利用静电发射装置向周围植物发射静电,周围植物得到电子而带负电,形成局部电磁场,高压药液由喷射部件输送到喷头时,受喷头高压静电场的作用,形成带正电的药液粒子,受静电作用被吸附到植物表面,即在植物表面形成一层均匀牢固的药液膜。

112.静电喷头的构造及工作过程有哪些?

(1)静电喷头。包括12伏直流电源、喷头座、静电发生器等部件。喷头座由导电材料制成,是静电发生器(直流电源)的回路,流经喷头座的液流保持或接近于大地电位。喷头座的中央为药液管,周围有倾斜的气管。

(2)静电发生器是一个微型电子电路,其作用是将12伏低压直流电转换为高压静电。主要由振荡器、变压器、整流器、调节器和环形电极等组成。

(3)振荡器是将直流电源变换为交流输出,并传给变压器。

(4)变压器则将振荡器输送而来的低压交流电变换为高压交流电。

(5)整流器将变压器的高压交流输出变换为直流电。

(6)调节器用来调节高压交流输出电压,环形电极接在静电发生器的高压引线上,形成高压直流静电场。经雾滴形成区雾化的药液,流经环形电极时,因静电感应而带正电,最后从喷头喷出。

113.压缩式喷雾器如何操作?

(1)将配好的药液灌入药液箱,药液不能超过箱体上的安全水位线,以保证箱体上部有足够的空间贮存压入的空气。由于该机加水口无过滤装置,所以药液必须用清水配制或事先经过过滤,以免在喷射时堵塞喷管。

(2)将药液箱放在坚实、平整的地上,保持塞杆在气筒内竖直上下抽动、不要歪斜。上抽时要缓慢些,以便外部空气充分流入气筒;下压时,动作要迅速,把手柄压到底,这样可以压出较多的空气。不断抽压塞杆,直到下压感到吃力时(30~40次)即可停止。然后把喷雾器挂在肩上,打开开关,进行喷雾。

(3)工作时,操作者应站在上风位置。若因故中断或机具发生故障时,要立即松开拉紧螺栓,放出桶内的压缩空气,以免发生意外事故。

114.压缩式喷雾器如何保养?

(1)由于压缩式喷雾器的药液箱在作业时承受很大的压力,因此,要尽量减轻箱体的腐蚀并经常察看箱体的腐蚀情况,以防止药液箱在压力下爆炸,造成人身伤害。

(2)每次喷雾结束后,打开加水盖,倒去剩余药液,再加入清水冲洗或用清水继续喷几分钟,以清除箱体及喷射部件中的残余药液。如果使用的是油剂或乳剂药液,要先用热碱水清洗,再加入清水冲洗。

(3)清洗后,将喷头、喷杆、胶管、气筒等部件拆下,擦干后放置于阴凉、通风、干燥的地方。

(4)若长期不用,除按上述方法保养外,还应将气筒及箱体内外擦干，在气筒内部、塞杆及各接头部位涂上黄油，将牛皮碗浸在机油中，垫圈、螺钉、螺母等零件要存放在一起。

115. 单管喷雾器如何使用操作?

(1)药液用清水配制或事先过滤，以免堵塞吸水座或套管处的滤网。

(2)由于这种喷雾器没有药液箱，为了工作方便，可将其放在药桶内，两人抬着操作，后面的人抽压塞杆，前面的人喷洒。如果在出水接头处增加一个三通接头，同时装两套喷射部件时，三人操作，可提高工作效率。

(3)当抽压塞杆时，保持塞杆在泵筒内竖直运动，避免歪斜，损坏部件。

(4)喷雾时应站在上风位置，以免接触药液，发生中毒事故。

116. 单管喷雾器如何保养?

(1)使用完毕后，用清水继续喷射几分钟。如果喷用的是油剂或乳剂药液，要先用热碱水洗涤机具，再用清水清洗。

(2)将喷射部件拆下，然后把塞杆抽出，倒去泵筒中的积水。若空气室中存有积水，拆下出水接头，倒尽积水，放置于阴凉干燥处。

(3)若长期不用，将机具擦洗干净后，把垫圈、密封圈等皮制零件浸入机油中保存，在各接头部位及活动部位(如塞杆、开关)处涂上黄油，置于阴凉干燥处存放。

117. 踏板式喷雾器如何使用?

(1)药液必须用清水配制或事先过滤，再倒入药液桶中。

(2)吸水座要完全浸没在药液中，以免产生气隔现象，影响喷雾质量。

(3)不能过分用力推拉摇杆，避免空气室中空气压力过高，损坏机具。只要保持正常喷雾即可。

(4)操作者应站在上风位置,避免与药液接触中毒。

118.踏板式喷雾器如何保养?

(1)使用后,将吸液头从药液桶中取出。继续摇动摇杆,排尽剩余药液,再用清水清洗机具。如果喷的是油剂或乳剂药液,要先用热碱水清洗,再用清水冲净。

(2)使用期间,各注油孔和活动部分应经常加注润滑油。油杯内要注满黄油,每天将油杯盖向下拧1~2圈,以保证柱塞充分润滑。

(3)若长期不用,拆下摇杆、吸液部件和喷射部件,清洗并擦干。在各活动部位涂抹润滑油脂,再用纸包好,封闭进液接头,把密封圈、垫圈、螺钉、螺母等零件收在一起,机具置于阴凉干燥处保存。

119.担架式机动喷雾机的使用方法及注意事项有哪些?

(1)使用前应仔细检查机具的技术状况是否良好,并根据作物种类、防治对象安装所需的喷洒部件,按农药的使用说明配制药液。

(2)启动。①启动前先将调压手轮向"低"方向旋几圈,并将卸压手柄扳到"卸压"位置,打开截止阀放出泵内空气;②启动发动机,若喷枪排液正常,即关闭截止阀,将卸压手柄扳至"加压"位置,逐渐旋紧调压手轮至压力指示器指示压力为所需的工作压力为止,然后打开截止阀即可喷雾;③若活塞泵运转正常,但喷枪不排液,即将空气室拧下,向空气室座内加水,再拧紧空气室,若仍不上水,应立即停机检查,排除故障后,再次启动。

(3)喷药。①喷药时喷枪的行进速度应与母液浓度相配合,喷枪应均匀摆动,做到不重喷不漏喷,并估计药液消耗量和防治面积,以确保每亩的用药量;②工作中短途转移时可不必停机,但应降低发动机转速,卸去压力,关闭截止阀,再提起吸水滤网,以保证部分水在泵内循环,润滑胶碗,千万注意活塞泵不能脱水运转。

(4)停机。①停机前应先将吸药滤网提起停止吸药,再运转2~3分钟;若未使用混药器,停机前应喷几分钟清水,以清洗活塞泵和管路;②降低发动机转速,将调压手轮旋松,将卸压手柄扳至"卸压"位置,卸去压力,熄火停机。

120.担架式机动喷雾机混药器是怎样工作的?

混药器是一种母液(由原药加少量水稀释而成)与水混合的自动混药装置。主要由射流体、射嘴、扩散管、球阀、T形接头及吸药管等组成。混药器的射嘴接在截止阀前段,扩散管与喷雾胶管相连,工作时靠高压水的射流作用,以一定的比例吸进药液,与水混合成所需的喷洒浓度。

121.担架式机动喷雾机使用前需做哪些准备工作?

(1)按照使用说明书将机具组装好。检查手把是否牢固地装在机架上的夹脚内,各连接螺钉是否拧紧,皮带及带轮是否运转灵活。

(2)向曲轴箱及液泵内加注润滑油至油位线。

(3)选择合适的喷射部件。大田作物或果树林木可选择喷枪。担架喷雾机上使用的喷枪工作压力为1.5~2.5兆帕,喷雾量为30~40升/分钟,最大射程为22米。喷枪必须与混药器配合使用。对低矮作物或用药量少的作物可选择喷头喷洒农药,它的工作压力为1.0~1.5兆帕,用喷头式不可装用混药器。

122.担架式机动喷雾机试喷方法?

(1)将吸水头放入水中。

(2)把调压阀的调压手轮按逆时针方向转动到低压位置,再把调压手轮按顺时针方向扳至卸压位置,打开截止阀。

(3)启动发动机,低速运转10~15分钟。若无异常声响,再逐渐提高至额定转速。

(4)关闭截止阀。把调压手轮按逆时针方向扳动到加压位置,然后把调压手轮按顺时针方向旋转至所需压力。

(5)打开截止阀,观察喷雾是否正常,各接头处有无渗漏现象。若一切正常,就可以进行正式喷雾了。

123. 担架式机动喷雾机如何维护保养?

(1)刚买进或修复后的喷雾机,都应在使用前进行磨合,磨合后应更换曲轴箱内的润滑油。

(2)安装连杆和连杆盖时,应注意编号一致,并将同一编号装于同一侧。装好后的曲轴应转动自如,否则,应调整曲轴间隙。

(3)装胶碗时,应将胶碗喇叭口向外,否则会吸不上水。

每天喷雾作业结束后,应清洗机具,检查润滑情况,拧紧松动的螺钉。要用清水继续喷射几分钟,以清洗泵内和管路中的残留药液,避免机具腐蚀。

(4)停车后,卸下喷雾胶管和吸水头,用人力旋转发动机或液泵几下,排尽泵内积水。

(5)曲轴箱内机油要定期更换。更换前,卸下放油塞和加油盖,放尽污油,然后从加油口注入新润滑油至油位线处。若使用中曲轴箱进水,应及时修复好机具并提前更换润滑油。

(6)若长期存放,要将机具保养好。要先将泵内积水排尽,再拆下三角皮带、喷射部件、混药器等部件。清洗干净,在活动部位及连接处涂上机油,与机组一起放置于阴凉、通风、干燥处,切忌与腐蚀性物品存放在一起,以防腐蚀损坏机件。

124. 担架式机动喷雾机漏水漏油的故障原因及排除方法有哪些?

(1)连接处螺丝松动;拧紧螺丝。

(2)密封环或橡皮圈损坏;更换新的密封环或橡皮圈。

(3)密封处有杂质;清除杂质。

125.担架式机动喷雾机液泵运转有敲击声的故障原因及排除方法有哪些?

(1)三拐轴颈与连杆配合处磨损;更换曲轴或连杆。

(2)滚动轴承损坏;更换轴承。

126.担架式机动喷雾机液泵温度过高的故障原因及排除方法?

(1)润滑油量不足;加注润滑油。

(2)润滑油中杂质过多或牌号不对;更换润滑油。

127.担架式机动喷雾机压力表标杆不能上升的故障原因及排除方法?

(1)压力表损坏;更换压力表。

(2)压力表下面的阻尼小孔被堵塞;清除阻尼小孔中的污物。

128.担架式机动喷雾机混药器不能吸药或吸药不稳定的故障原因及排除方法?

(1)吸药滤网堵塞或吸药管破裂;清洗吸药滤网或更换吸药管。

(2)混药器连接部位螺丝松动或垫圈破裂,导致漏气;检查各连接部位,拧紧螺丝或更换新垫圈。

(3)射嘴或衬套磨损; 更换射嘴或衬套。

(4)射嘴前移,与衬套的间隙过小;拆下射嘴,加装垫圈,重新调整间隙。

129.担架式机动喷雾机喷雾时断时续,水气同喷的故障原因及排除方法?

(1)吸水头未完全放入水中; 将吸水头完全浸入水中。

(2)吸水管破裂或吸水座连接处漏气; 更换吸水管或在漏气处加装垫圈并拧紧。

(3)混药器的吸药滤网未完全放入药液桶；将吸药滤网完全浸入药液桶。

(4)混药器的T形接头上未使用的接孔没有封好；将不使用的接孔重新用管封封好。

130.担架式机动喷雾机液泵能吸水但压力调不高，导致雾化不良的故障原因及排除方法?

(1)调压手柄未扳至加压位置；将调压手柄按逆时针方向扳到底。

(2)调压阀的阀门与阀座损坏或其间夹有杂物；更换调压阀或清洗调压阀。

(3)调压阀内弹簧损坏；更换弹簧。

(4)进出水阀失效；清洗进、出水阀；若已损坏，更换新阀件。

131.担架式机动喷雾机液泵吸不上水或吸水不足，导致雾化不良的故障原因及排除方法?

(1)泵内有空气；将调压手柄按逆时针方向扳至加压位置，打开截止阀，排除空气。

(2)吸水头未放入水中或吸水滤网被堵塞；将吸水头放入水中或清除吸水滤网上的杂物。

(3)吸水管破裂或与泵连接处漏气；更换吸水管或连接处的垫圈。

(4)出水阀失效；清洗或更换出水阀。

(5)液泵胶碗损坏或未装好；更换或重新装配胶碗。

(6)液泵平阀与胶腕托损坏或其间有杂物；更换平阀和胶腕托，或清除杂物。

(7)出水管道堵塞；检查截止阀、喷射部件、混药器等部位。清除堵塞物。

132.担架式机动喷雾机喷头或喷枪雾化不良的故障原因及排除方法?

(1)喷头喷孔磨损或堵塞;更换新喷头或清除堵塞物。

(2)喷枪喷嘴磨损或堵塞;更换喷枪喷嘴或清除堵塞物。

133.拖拉机配套的喷杆喷雾机的工作过程?

拖拉机的动力输出轴以540转/分钟的转速运转,驱动液泵工作,将药液箱中的药液以一定的压力通过调压分配阀排出。一部分药液通过输液管路输往喷杆,当喷头处的喷雾液体压力达到预定值时,防滴装置便自动开启,药液从喷头喷出、形成雾滴喷向目标物;另一部分药液返回药液箱,通过搅拌喷头喷出,对药液进行搅拌。

134.拖拉机配套喷杆喷雾机的使用方法有哪些?

(1)检查各连接部位是否松动,泵内油面及空气室的压力是否正常。

(2)将吸水管端部放入水源,在药液箱中加入适量清水,将泵上的操纵手柄放在加水位置,接通动力。这时将农药按一定比例从药液箱加液口倒入药液箱,利用加水过程进行充分混合。

(3)把药液箱三通阀开关和调压分配阀手柄放在喷射位置,打开调压分配阀上的分配器手柄。

(4)连接动力输出轴,转动调压螺母至所需的压力(不超过1.2兆帕)。

(5)喷雾时如遇地头转弯,调压分配阀手柄应放在上水位置。

(6)最佳作业时间为清晨或傍晚,风力超过3级时禁止作业。

135.拖拉机配套的喷杆喷雾机如何保养?

(1)每班作业前,向发动机油箱加满柴油,向轮胎和空气室补充空气,向各润滑部位加注润滑油。

(2)每班作业后或每换一种药,都要用清水冲洗整个喷雾系统,并将洗涤后的污水排尽。

(3)工作一段时间后,检查隔膜泵的隔膜和气室隔膜是否完好。清洗药液箱和吸水头滤网。

(4)若长期不用,卸下喷头部件,用轻柴油清洗;卸下压力表,以免丢失。彻底冲洗药液箱内壁及机器外表面,用轻柴油清洗泵腔,并涂抹上干净的润滑油。放尽液泵及管路中残水,将整机与拆下零部件一起存放在阴凉、干燥处,避免日晒。

136.如何进行风送式喷雾机的维护保养?

(1)认真按照本机使用说明书和汽油机使用说明书的规定和操作规范,定期检查、更换机油和燃油,正确地使用汽油机。

(2)当发电机的输出功率下降或排出气体的颜色不正常时,应清洗或更换空气滤清器的滤芯(禁止用清洁剂清洗滤芯)。

(3)没有安装空气滤清器,不得使用发电机。

(4)发电机停机后应关闭油箱开关,经常慢慢拉出启动手柄直到感到阻力时停止,再让启动手柄缓缓地缩回原位,以防止在不用时生锈。

(5)发电机完全冷却后,擦净机身,放置于防雨干燥的地方。

(6)发电机在一段时间内停用时,应把发电机各部位擦洗干净,同时检查控制箱各部分,发现有电线、螺丝松动时应进行紧固。喷漆、电镀面应涂上防锈油,用苫布罩好,放置于空气流通、干燥的地方,重新启用时按说明书规定重新检查后再使用。

(7)喷雾机每次作业后,应及时进行药箱、管道、风机、泵等的清洗和检查,减少农药的腐蚀。

(8)对运动机构进行检查、调整、防松紧固,确保工作安全,并及时添加润滑油(脂)。

(9)进行整机的除尘、清洗工作。柴油机若吸入脏空气会使功率下降;发电机若吸入沙粒等杂质会使定子、转子之间的绝缘破坏,重者导致烧毁。

若长时间不作业,每隔1个月发动1次风送式喷雾机(发动之前应先做好启动前的准备工作),发动时每次不得少于2小时(此时可以对电瓶进行充电);风机、药泵、摆动等系统可开启20分钟左右(药泵不能空机运行,可加水喷雾),并对所有部件进行保养,为下次启用做好准备。

137.什么是喷烟机械化技术?

烟雾可以充满一定空间,能长期悬浮于空气中,深入到雾粉难以达到的细缝隙中,通过触杀和熏蒸来消灭作物病虫害。适用于高秆作物、高大树林、果园等的病虫害防治,还可用于农业保护地温室、塑料大棚;室内卫生杀虫、畜牧、区室消毒等方面。雾粒平均直径在5~20微米范围的通常叫作烟雾。产生这种烟雾的机具称喷烟机,目前常用的有两类:一类是热烟雾机,如3YD-8型、3Y系列,另一类是常温烟雾机,如3CY5型、TLS-5型、TLS-10型。

138.喷烟机的构造与工作过程?

喷烟机是一种高效的病虫害防治机械。喷烟机由燃烧及冷却系统、燃油系统、启动系统、药剂系统等组成。有常温烟雾机和热烟雾机两类,热烟雾机是将药剂溶解在具有合适闪点的油剂里,配制成烟剂,然后将烟雾剂喷射到高温气流中,使烟雾剂蒸发、热裂成极细小的微粒,随燃烧后的气体喷出,比较持久地悬浮在空中,油剂冷凝形成烟雾,由于雾滴小沉降速度慢,能随气流移动较远的距离并能够透入细小的缝隙,常用于封闭的场所,如仓库、温室、船舱、畜棚、阴沟等地方的杀虫消毒。

139.喷烟作业的注意事项有哪些?

(1)详细了解机具结构和使用要求以及适用范围。

(2)作业中燃烧室温度较高,手和衣物不能接触,以免烧坏;喷口不能离作物太近,以免烧伤;不能在易燃物附近使用,以免火灾;中途熄火要先关药开关,再排除故障。

(3)机具加油、加药后,不能向气泵倾斜,以防油、药流入管路系统;油阀旋钮要小心轻用,防止强力扭坏。

(4)必须停机5分钟后方可加油,以防引燃油料;农药随用随配,不宜长期存放,要按机具和药的说明书配制农药。

(5)安全要求与喷雾要求大致相同。

140.太阳能杀虫灯的日常维护与保养事项有哪些?

(1)要定期清理太阳能板上的积灰,南方地区1~2个月用湿布将版面擦拭一次;北方地区每个月擦拭一次。

(2)冬季无虫季节,需将杀虫灯收存起来(把杀虫灯底部电器盒上的正负极输入线从5号、6号接线端子上卸下来)将杀虫灯灯体擦拭干净装箱存放并用较厚的塑料布盖好箱体。

(3)为了防止电池丢失,冬季可将电池从箱体内取出。但取电池之前要关闭灯体开关3~5天,蓄电池只充电不放电,存放前处于饱满状态。因电池自放电的特性,所以,对长期存放的蓄电池要每一、二个月充一次电,最长不要超过三个月。否则,蓄电池的寿命会大大缩短。

(4)3月中下旬,第一代果冻害虫即将羽化时,要对太阳能板表面进行一次彻底除尘,装好蓄电池及杀虫灯灯体,重新开始新一年的工作。

诱虫灯管在使用过程中会产生光衰和紫外线损失。当灯管使用

22 000小时后，建议换新灯管，更换灯管时先将杀虫灯防雨盖上的四颗螺母拧掉，再用手向上轻拍塑料顶盖，脱离螺杆后将顶盖边缘挂在其中的一根螺杆上（注意不要将光敏和雨水传感器的连接排线拉断或将接插件从线路板上拔出）。随后用两手中指夹住灯管上端的金属铝制灯头，两指用力向一个方向旋转90度后，灯管的插针与塑料灯头缺口同在一条直线时，灯管即被去除。将新灯管插入缺口，用两手中指夹住灯管上端的金属铝制灯头向一个方向旋转90度后，灯管即被装好。

141. 多旋翼农用植保无人机飞行前的准备工作有哪些？

起飞前，按照作业顺序，对飞机的各个部件进行仔细的检查，使喷洒作业顺利进行。

（1）机械部分。飞机通电前检查机架承受飞机的全部重力，主要由底座、斜撑杆和中心盘组成。底座相当于飞机的起落架，承受飞机降落时的冲击载荷。必须确保底座无变形、断裂及其他机械损伤。

（2）电子部分。飞行控制系统通电后检查。

①遥控器。飞机操纵指令的输入端，直接关系到飞机飞行的安全稳定。打开遥控器后，确保电量充足，机型对应，定时器设定准确；遥控器天线连接牢靠、位置摆放正确，微调开关位置为零。

②接收机。接收遥控器发出的控制指令。接收天线固定是否牢固、天线之间的角度是否合适、天线有无破损。

③飞行控制系统。对接收机和各传感器的数据进行计算、处理，然后输出给电调，进一步控制电机的转速，使飞机完成相应的飞行。确保各模块安装牢固、插线正确；GPS朝向正确；LED灯闪烁正常，失控保护正常；飞行控制自检成功。

④动力电池。为电机旋转提供动力。无肿胀变形；电量充足

(23.8伏以上)、单片电压相差小于0.1伏;电池插口紧固、完整、无裂缝。

(3)喷洒部分。水泵通电后检查。

①药桶。加少许水后,出口无滴漏,水泵焊点无渗漏;加药口朝向正确;与机架固定牢靠、无明显晃动。

②水泵。将药液从药桶中抽出,泵入喷杆中,最后由喷嘴喷出。水泵流量可控、流量充足;无堵塞、接口无滴漏;与药箱连接牢固。

③喷杆。连接牢靠;翘起角度合适;导管接口处牢固、无滴漏。

④喷嘴。安装牢固;无堵塞、无滴漏;喷口朝向是否正确。在实际作业中,以上检查部分需提前进行。同时对故障率高的部件、重要部件、关键部件进行局部检查,确保主要工作系统能安全、正常运行。

142. 多旋翼农用植保无人机飞行中的注意事项有哪些?

在实际喷洒作业中,应实时关注飞机各系统的工作情况。包括飞行高度、速度等飞行信息和喷带雾化、喷幅等喷洒效果,根据反馈信息对飞行和喷洒做出相应的调整,保证喷洒作业保质保量完成。

(1)气象条件。风力的大小(大于3级无法作业)、风向、天气情况等。

(2)飞行的风速。当飞机飞行过程中无法保持航线时禁止飞行,飞机喷洒通常在近地面风速低于每秒6~7米的条件下进行,对于飞控手操纵和喷洒安全来说,这是个安全的风速。

(3)作业方案。飞防的农作物、病虫害类型、施药情况、飞防人员配置等。

(4)飞行场地。起飞降落的地方必须平坦、无灰尘,禁止在高压线、电线杆等障碍物处飞行作业。

(5)喷洒标准。喷洒过程中飞机高度应保持在每秒2~3米(可根据地势稍微调整)，飞行速度应控制在每秒7~8米，飞行距离应在操控员可视的范围内，注意喷杆的喷幅。作业开始前，将施药对象(如小麦、水稻)、施药地点、施药时间、施药面积、飞行总架次、飞行人员信息、联系方式等相关信息填写在记录中。

四、收获机械

143.谷物收获有哪几种方法?

(1)分段收获。先用收割机收割,将谷物的禾秆条放或堆放于割茬上,然后运回脱谷场,用脱粒机进行脱粒和清选。用分段收获法可以提前收割谷物,所用的机械构造较简单、容易操作、机械故障较少、维修简便,但机械化程度低,收获过程中谷物的损失较大、生产率较低、劳动强度较大。

(2)联合收获。应用谷物联合收割机一次完成收割、脱粒、分离和清选等过程。联合收获法机械化程度高、生产率高、劳动强度低、收获损失小。联合收获法适用于谷物成熟比较一致,地块较大,地势比较平坦的地方。

(3)分段联合收获法。先用割晒机收割,将谷物成条铺放在割茬上。经过3~5天的晾晒,在谷物的后熟作用下,谷粒进一步成熟。然后用装有拾禾器的谷物联合收割机进行捡拾、脱粒、分离和清选。这种方法主要用于收获小麦。当种植面积较大,在适宜的收获期间不能完成收获任务时,为了减少损失,可采用分段联合收获法。另外,当谷物的成熟度不一致,杂草较多时,也可应用分段联合收获法。

144.稻麦收获机械的技术要求有哪些?

我国地域广阔,各地自然条件差异较大,加之谷物品种比较多、栽培条件和制度也不一样,所以各地对收获机械的作业技术要求也有所不同,但可以归纳出5点基本要求:

(1)根据作物的生长特性和自然条件,实施完成收获任务。

(2)保证收获质量,减少谷物的损失和破碎,获得清洁度较高的谷粒,保证发芽率。在小麦联合收获过程中,一般要求总损失率不超过2.0%,破碎率不超过1.5%,清洁率在98%以上,割茬一般为10~15厘米;在水稻联合收获过程中,一般要求总损失率不超过2.0%,破碎率≤2.0%,含杂≤2.5%,割茬一般为5~10厘米,脱壳率不超过4.0%。适时收割期应选在黄熟中期到末期。

(3)收获机械的适应性广,综合利用程度高,能收获多种作物、要力求做到高、矮秆通用,干、湿谷物通用,多种作物通用;能适应水田、旱地作业,也能收获直立、倒伏谷物,并尽可能与拖拉机配套,以提高机器的利用率。

(4)要求收获机械的结构简单、可靠、耐用,且保养、维修、调整方便。

(5)分段收割作业,要求将割倒的麦秆茎基部整齐排列铺放,在田间,总损失率要求在5%以下,适时收割期应选在蜡熟初期至中期。脱粒作业时,要求总损失率不大于2%,脱净率在98%以上。

145.小麦收获机械操作技术规程有哪些?

(1)作业田间的准备。①田间调查,在收割前要下田了解小麦的生长情况、倒伏状况及通往田间的道路等;②清除田间障碍,平渠埂、危险地带设标记等;③人工开割道,为正式开机做好准备。

(2)收获前的机械准备。①收获前要进行全面的检查、调整,重点是收割机的行走部分、割台、脱粒机构及发动机等,使整个机器达到良好的技术状态;②严格试运转,应包括发动机无负荷试运转、整机原地空运转、整机负荷试运转;③辅助机械的准备,要根据收割机的功率、型号合理选配运粮、脱粒、运秸秆机械等;④易损零配件的准备,如割刀、传动皮带等。

146.小麦收获机械操作注意事项有哪些?

(1)收割机正式开割前,应在小麦生长较好的地块试割,以检验机器的检修和调整质量,并进一步调整好机器,使之适应大面积收割的要求。试割开始时应使用低速,割幅用1/3,并逐渐加大达到正常速度和割幅。试割过程中要经常检查各部位工作是否正常,必要时进行调整。

(2)收割机的行驶速度应根据自身的喂入量和作物的品种、高度、产量和成熟度来确定,一般是以脱粒机构满负荷工作、清选机构工作正常为度。机器作业时的行走路线应考虑到卸粮方便并注意使割刀传动装置靠着已收割过的空地一边。

(3)在麦地套播玉米或其他作物的地块收割,应根据套种作物的行距和规格选择适宜的收割机组,以免碾压套种的作物,并适当调高割茬,以防割伤玉米苗等。

(4)脱粒机安放时要注意风向,宜将喂入口置于上风头,出草口和排糠口放在下风头。开机后不忙喂入,要观察滚筒旋转方向是否正确,转动是否平稳,确无异常后方可喂入。工作时机手应站在喂入口的正前方,喂入量要均匀,不得强行推送。出现故障,一定要待滚筒停转后排除。

147.小麦联合收获机入地头时如何操作?

(1)行进中开始收获。若地头较宽敞、平坦,机组开进地头时可不停车就开始收割,一般应在离麦子10米左右时,平稳地接合工作离合器,使联合收割机工作部件开始运转,并逐渐达到最高转速,应以大油门低前进速度开始收割,不断提高前进速度,进入正常工作。

(2)由停车状态开始收割。若地头窄小、凹凸不平,无法在行进中进入地头开始收割,需反复前进和倒车以对准收割位置,然后接合工作离合器，逐渐加油门至最大，平稳接合行走离合器，开始前进，逐渐达到正常作业行进速度。

(3)收获机的调整。收获机进入地头前应根据收割地块的小麦产量、干湿程度和高度对脱粒间隙、拨禾轮的前后位置和高度等部位进行相应的调整。悬挂式小麦联合收获机应在进地前进行调整，自走式小麦联合收获机可在行进中通过操纵手柄随时调整。

(4)要特别注意，收获机应以低速度开始收获，但开始收割前发动机一定要达到正常作业转速，使脱粒机全速运转。自走式小麦联合收获机进入地头前，应选好作业挡位，且使无级变速降到最低转速。需要增加前进速度时，尽量通过无级变速实现，以避免更换挡位，收获到地头时，应缓慢升起割台，降低前进速度以拐弯，但不应减小油门，以免造成脱粒机滚筒堵塞。

148.联合收割机在使用过程中需要熟练掌握哪些使用要领?

(1)作业前认真阅读机具的使用说明书，并对照说明书对机具进行适当的保养和调整。

(2)在机具作业之前，应粗估一下作物产量，观察作物长势、潮湿和茂密程度、倒伏情况、地的软烂程度等，并考虑免耕或少耕等农艺技术要求来确定工作挡位和割茬高度。

(3)下地时，一定要切断工作部件的动力，升起割台。

(4)工作过程中，要注意听、看、闻。听滚筒带负荷后的声音是否正常、其他部件有无杂音；看割台前方地面及作物情况，及时调整；闻机具有无散发出焦糊味。如有不正常情况，应立即停车检修。工作到地头时，应切断工作部件动力，升起割台。

149.联合收获机正常作业时的操作方法有哪些?

(1)选择大油门作业。小麦联合收获机收获作业应以发挥最大的作业效率为原则，在收获时应始终以大油门作业，不允许以减小油门的方式来降低前进速度，因为这样会降低滚筒转速，造成作业质量降低，甚至堵塞滚筒，如遇到沟坎等障碍物或倒伏作物需降低前进速度时，可通过无级变速手柄使前进速度降到适宜速度，若达不到要求，可踩离合器摘挡停车，待滚筒中小麦脱粒完毕时再减小油门挂低挡位减速前进。悬挂式小麦联合收获机也应采取此法降低前进速度。减油门换挡要快，一定要保证再次收割时发动机加速到规定转速。

(2)前进速度的选择。小麦联合收获机前进速度的选择主要应考虑小麦产量、自然高度、干湿程度、地面情况、发动机的负荷、驾驶员技术水平等因素。无论是悬挂式还是自走式小麦联合收获机，喂入量是决定前进速度的关键因素。前进速度的选择不能单纯以小麦产量为依据，还应考虑小麦切割高度、地面平坦程度等因素。一般小麦亩产量在300~400千克时可以选择Ⅱ挡作业，前进速度为3.5~8千米/小时；小麦亩产量在500千克左右时应选择I挡作业，前进速度为2~4千米/小时；一般不选择Ⅲ挡作业，当小麦产量在250千克以下时，地面平坦且驾驶员技术熟练，小麦成熟好时可以选择Ⅲ挡作业，但速度也不宜过高。

(3)不满幅作业。当小麦产量很高或湿度很大，以最低速前进发动机仍超负荷时，就应减少割幅。就目前各地小麦产量来看，一般减少到80%的割幅即可满足要求，应根据实际情况确定。当收获正常产量小麦，最后一行不满幅时，可提高前进速度作业。

(4)割茬高度和拨禾轮位置的选择。当小麦自然高度不高时，可根据当地的习惯确定合理的割茬高度，可把割茬高度调整到最低，但一般不宜低于15厘米。当小麦自然高度很高，小麦产量高或潮湿，小麦联合收获机负荷较大时，应提高割茬高度，以减少喂入量，降低负荷。

(5)过沟坎时的操作。当麦田中有沟坎时，应适当调整割台高度，防止割刀吃土或割麦穗。当机组前轮压到沟底时会使割台降低，在压到沟底的同时升高割台，直至机组前轮越过沟时，再调整割台适宜高度。机组前轮压到高的田埂时，应立即降低割台，机组前轮过田埂时，应迅速升高割台，并且操作要快，动作要平稳。

150.收获机在特殊情况下如何操作？

(1)在大风天的收获。大风天应逆风行驶，有利于作物喂入；风机迎风一侧的进风口应调小，背风面的进风口调大。

(2)在坡地上的收获。长距离上坡收割时，调高筛子后部，选用较大的筛孔，进风口开度应减小。长距离下坡收割时，筛子后部应调低。短距离下坡收割时，没必要调整。

(3)倒伏作物的收获。适当降低机器的作业速度，横向倒伏的作物收获时，只需将拨禾轮适当降低即可，但一般应在倒伏方向的另一侧收割，以保证作物分离彻底，喂入顺利，减少割台碰撞麦穗而造成的麦粒损失。纵向倒伏的作物一般要求逆向(小麦倒向割台)收获，但逆向收获需空车返回，严重降低了作业效率。当作物倒伏不是很严重时，应双向收获。逆向收获时应将拨禾轮板齿调整到向前倾斜15~30度的位置，且将拨禾轮降低和向后；顺向收获时应将拨禾轮的板齿调整到向后倾斜15~30度的位置，且将拨禾轮降低和向前。

(4)低矮作物的收获。将拨禾轮向下、向后进行适当调整，以便正常收割；提高机器前进速度，保证正常的脱粒喂入量；沿播种行方向进行收获作业。可以减少因前进速度提高引起的机组振动，同时也可减少收割损失。

(5)过干、过熟作物的收获。当小麦已经成熟,过了适宜收获期,收获时易造成掉粒损失,应在拨禾轮弹齿上增加帆布条,以减少拨禾轮对谷物的打击掉粒损失。调整拨禾轮高度,使拨禾轮弹齿不打击在作物穗头部位,以减少掉粒损失。适当降低拨禾轮转速,以减少对作物的打击次数。即使收获机不超负荷,前进速度也不应过高。若时间允许,应尽量安排在早晨或傍晚,甚至夜间收获。

(6)潮湿作物的收获。当雨后小麦潮湿,或小麦未完全成熟但需要抢收时,由于小麦潮湿,收割、喂入和脱粒都增加阻力,应降低前进速度。若仍超负荷,则应减少割幅。若时间允许应安排中午以后,作物稍微干燥时收获。

151. 怎样检查收获作业中收获机的工作状态是否正常?

驾驶员进行收获作业时,要随时观察驾驶台上的仪表、收割台上的作物流动情况和各工作部件的运转情况,要仔细听发动机的声音、脱粒滚筒以及其他工作部件的声音,有异常情况应立即停车排除。驾驶员应特别注意发动机和脱粒滚筒的声音。若听到发动机声音沉闷、脱粒滚筒声音异常,看到发动机冒黑烟,说明滚筒内脱粒阻力过大,应降低前进速度,加大油门进行脱粒,待声音正常后,再进行正常作业。

152. 联合收割机田间作业有哪些注意事项?

(1)作业前先观察田块周围的环境,田块大小、形状和作物的产量、品种、高度、倒伏情况等,注意或消除田间的树柱、电线杆、树木、墓穴、坑凹或畦埂及石块等障碍物,并在危险区域做好安全警示标志。

(2)根据地块情况,选择合适的田间作业行走方法,如"四边收割法""双边收割法"等,以提高工作效率。

(3)为了便于机组回转和避免谷粒损失,在正式收割前应用人工先把收获小区的边道、回行道和卸粮干线割出来,减少收获和卸粮时的空行程,提高机械的利用率。

(4)地头空行时,要升起割台,切断切割器动力。

(5)开始时以较小喂入量低速行驶,逐渐加大负荷至额定喂入量。无论喂入量大小,发动机均应在额定转速下工作。

(6)检查倾斜喂入室与脱粒部分连接处、脱粒部分各孔盖、清选筛箱、阶梯抖动板与侧壁接触处是否漏粮,若有漏粮则设法排除。

(7)联合收割机要根据田间谷物生长情况改变行驶速度。当谷物稠密或潮湿时,行驶速度要放慢时;当谷物稀疏或干燥时,则行驶速度要加快,其依据是既保持适当的喂入量,又保证良好的脱粒性能、粒秆分离性能和清选性能。

(8)收割倒伏作物时,最好采用逆倒伏方向或与倒伏方向成一定角度收割,并将拨禾轮向前、向下调整,弹齿倾向后倾,以利扶起谷物,减少收获损失。

(9)大风天气收割时,机组不要顺向行进,以免影响杂余排除。

(10)倒车之前,一定要将收割台升起,以防损坏机件。

(11)转弯时应降低行进速度,避免急转弯,以防压倒作物或损坏机器。

(12)停车时应空转到所有作物全部排出后,再切断动力,使发动机停止工作。

(13)绝对不允许在收割台升起而又无保护措施的情况下,到下面进行调整或检修。

(14)在田头处休息的人员不允许睡觉,尤其是夜晚更不能如此,以防发生伤亡事故。

153.安全使用联合收割机的一般要求有哪些?

(1)收割机作业前,须对道路、田间进行勘查,对危险地段和障碍物应设明显的标记。

(2)对收割机进行保养、检修、排除故障时,必须切断动力并在发动机熄火后进行。切割器和滚筒同时堵塞或发生故障时,严禁同时清理或排除,在清理切制器时严禁转动滚筒。

(3)在收割台下进行机械保养或检修时,须提升收割台,并用安全托架或垫块支撑稳固。

(4)卸粮时,人不准进入粮仓,不准用铁器等工具伸入粮仓,接粮人员不准把手伸进出粮口。

(5)长距离转移地块或跨区作业前,须卸完粮仓内的谷物、将收割台提升到最高位置予以锁定。

(6)收割机械要备有灭火器及灭火用具,夜间作业照明系统应完好,夜间保养机械或加燃油时不准用明火照明。

(7)禁止小孩、闲杂人员进入作业区;机械运转时,任何人不得立于割台前,禁止将手、工具等伸向切割器及机械运转部位。

154. 谷物联合收割机的入库保养包括哪些内容?

联合收割机每季作业完毕,要用中大油门使其空转5分钟,排除杂物、尘土等,并做好以下入库保管工作:

(1)彻底清除联合收割机内、外的麦芒、杂物、尘土、泥污。

(2)卸下割台、输送槽和脱粒机,分别放在平坦、干燥的地方,防止生锈和变形。

(3)将各机油润滑点重新涂油。涂油前,要擦净全部油污(齿轮箱、链条除外)。对经常摩擦的金属表面,要涂油防锈。

(4)将拨禾轮拨板木瓦卸下,放在120~130摄氏度的热机油中浸煮2小时,然后涂上黄油装好。

(5)将含油轴承、衬套等在热机油中浸泡2小时补油。

(6)将安全离合器弹簧和割台搅龙浮动弹簧放松。

(7)将三角胶带放松，如果有油污，用肥皂水清洗干净，晾干后，挂放在干燥、通风处。

(8)卸下钢丝绳，涂油防锈。

(9)卸下滚子链，清洗后用机油和纳基黄油煮至120摄氏度后，装箱存放。

(10)拧紧通气孔螺栓，卸下齿轮传动箱，放入库内。

(11)全面检查易损零件，如割台搅龙、伸缩扒杆套、动刀片、定刀片、摩擦片、滚筒、凹板筛、钉齿等，对损坏的部件，要逐件进行登记，然后更换。

(12)用直木头顺搅龙方向垫在割台底面弧形角钢上，割台放置要平稳，护刃器和切割器不能受压。零部件放置要整齐，小零件要用木箱装好。

155.机械收获油菜应注意的问题有哪些？

(1)适时收获。机械收获油菜时，若收获过早，籽粒含水量高，品质差，出油率低；若收获过迟，因过于成熟，菜籽易炸裂脱落，造成损失，影响产量。油菜机械化收获的最佳时期是在菜籽八九成熟时，即接近成熟期，一般要比人工收获迟3~5天。适时收获是保证油菜单产提高的关键，机械适割期特征为：全田植株叶片基本落光，主花序70%已变黄，角果黄熟，籽粒深褐色，侧枝角果籽粒浅褐色。

(2)机械收获油菜作业时，应避免中午高温时段，实行“早开工、午停机、晚收工”的作业办法。

(3)掌握合适的作业速度。根据油菜的成熟度、湿度、长势、产量等情况合理确定行驶作业速度，作业速度不宜过快。

(4)注意堵漏。油菜籽粒小，光滑，流动性好，收割机上细小的缝隙都可能漏出油菜籽而增加损失，因此要注意检查并采取必要的堵漏措施，以减少损失。

156. 用谷物联合收获机收获油菜时应注意什么？

（1）采用普通谷物联合收割机收获油菜时，要及时根据田块不同的作物产量高低调整收割机各项运行参数，有条件的要对机械进行相应的改装，除对清选、脱粒部位进行改装外，还要在割台部位加装立刀分禾装置，并减少拨禾轮的齿数，降低拨禾轮转速。

（2）采用普通谷物联合收割机进行固定捡拾脱粒作业时，应切断行走传动和割刀传动。

（3）在机械收获油菜时，还应注意选择最佳收获时间，以减少收获损失和防止油菜籽品质的下降。

（4）勤检查、清理筛面。机械收获油菜的损失率大小，除了机械本身的性能以外，主要还取决于机手的细心程度，特别是要勤检查、清理筛面，才能确保较低的损失率。这是因为油菜秸秆粗大，含水率高，油菜叶、油菜籽、油菜角壳和秸秆屑，很容易黏结和堵塞清选筛面，因此机手必须经常检查和清理，否则损失率就会增大。

157. 什么是玉米收获机械化技术？

玉米收获机械化技术是在玉米成熟时根据其种植方式、农艺要求，用机械装置一次完成摘穗、输送、剥皮、集箱、果穗装车、秸秆粉碎处理等生产环节的作业技术。或者说，利用机械装备对果穗收获、秸秆田间处理的一种机械化收获技术。玉米收获机械化技术主要有玉米分段收获机械化技术、玉米联合收获机械化技术、玉米秸秆青贮机械化技术、玉米秸秆还田机械化技术和玉米收获后耕整地机械化技术。

158. 玉米机械收获应满足哪些要求?

为保证机械收获玉米的质量和秸秆处理的效果,减少果穗损失及籽粒破损率,秸秆还田的合格率,根茬的合格率和秸秆切段青贮的要求,机械收获玉米应满足以下要求:

(1)实施秸秆青贮的玉米收获要适时进行,尽量在玉米籽粒刚成熟时,秸秆发干变黄前(此时秸秆的营养成分和水分利于青贮)进行收获作业。

(2)实施秸秆还田的玉米收获要在玉米籽粒成熟后间隔3~5天再进行收获作业,这样玉米的籽粒更加饱满,果穗的含水率低,有利剥皮作业。秸秆变黄,水分降低更利于将秸秆粉碎,可以相对减少功率损耗。

(3)根据地块大小和种植行距及作业质量要求选择合适的机具,作业前制定具体的收获作业路线,同时根据机具的特点,做好人工开割道等准备工作。

(4)收获前10~15天,应对玉米的倒伏程度、种植密度和行距、果穗的下垂度、最低结穗高度等情况,做好田间调查,并提前制定作业计划。

(5)提前3~5天,对田块中的沟渠、垄台予以平整,并将水井、电杆拉线等不明显障碍安装标志,以利安全作业。

(6)作业前应进行试收获,调整机具,达到农艺要求后,方可投入正式作业。国产玉米联合收获机多为对行收获,作业时其割台要对准玉米行,以减少掉穗损失。

(7)作业前,适当调整摘穗辊(或摘穗板)间隙,以减少籽粒破碎;作业中,注意果穗升运过程中的流畅性,以免卡住、堵塞;随时观察果穗箱的充满程度,及时倾卸果穗,以免果满后溢出或卸粮时卡堵现象。

(8)正确调整秸秆还田机的作业高度,以保证留茬高度小于10厘米,以免还田刀具打土、损坏。

(9)如安装除茬机时,应确保除茬刀具的入土深度,保持除茬深浅一致,以保证作业质量。

159.玉米收获机械作业时应注意哪些问题?

(1)在投入作业前对机具进行调试,连接部位要紧固,传动部位要灵活,润滑部位要注油,结合部位配合间隙调整适当。防护装置安全可靠,新购置的玉米收获机按说明书要求进行磨合试运转。

(2)作业前应平稳结合工作部件离合器,油门由小到大至稳定额定转速时,方可开始收获作业。

(3)作业过程中出现超负荷时应中断工作1~2分钟,让工作部件空运转,以便从工作部件中排除玉米穗、籽粒等。当工作部件堵塞时,应及时停机清除堵塞物,否则会导致收获机摩擦加大,甚至损坏零部件。

(4)作业中还应注意:①对行收获的收割机要根据玉米的实际行距进行调整,保证收割质量;②随时检查玉米穗剥皮情况及秸秆粉碎质量、割茬高度等,必要时进行调整;③作业时注意观察各部位工作状态是否正常,必要时进行调整;④观察收获地块玉米倒伏情况,根据倒伏程度调整割台高度。

(5)作业面积较大时,可分小区作业,按收获机割台行数的整数倍划分成几个小区来收割。机械收获玉米时,由于作业视线不好,作业前应对作业田块进行勘察,并对障碍物做出标志。

160.玉米联合收获机具操作一般要求有哪些?

(1)运输过程中,应将玉米联合收获机、收割台及秸秆还田装置提升到运输状态，前进方向的坡度大于15度时，不能中途换挡，以保证运输安全。

(2)作业过程中，随时观察作业质量，如发现作业质量有问题或机具有故障时，必须将发动机熄火后方可进行调整和排除故障操作。

(3)玉米收获机转弯时的速度不得超过3～4千米/小时。

161.玉米联合收获机正常作业的使用规则有哪些?

(1)选择机器作业适宜的速度，若过低或过高，将造成作业效率低或作业质量差。

(2)正确选择和使用运输工具会对玉米联合收获机的生产率产生很大影响。

(3)玉米联合收获机在田间作业时，要定期检查秸秆粉碎质量和割茬高度、适时调整本机作业速度和秸秆切碎机的高度。割茬高度一般控制在100毫米，90%以上的被粉碎物长度不超过100毫米。

(4)根据玉米最低结穗高度、秸秆倒伏、折弯情况，适时调整收割台扶持器顶尖离地高度。收获倒伏玉米时，扶持器顶尖距地面可调低些，但不允许撞地。

(5)苞叶剥净的质量判断是以不露籽粒而剩1~2片苞叶为最佳。无皮裸露籽粒的光果穗，易产生掉粒和籽粒破损，注意籽粒破损率不得大于1%。当收获玉米秸秆含水率较低、果穗下垂率高的玉米时，果穗苞叶剥净率高，无苞叶的光果穗比例较大，若有掉粒时，需拆掉后部的剥皮钉，前端留2~3个剥皮钉较好，以减少籽粒损失。当收获玉米秸秆含水率高的玉米时，如苞叶剥净率不能达标时，要检查：①压穗轮距剥皮辊的距离10~15毫米；②是否有缠绕现象；③剥皮胶辊是否磨损；④剥皮辊上的剥皮钉凸出的高度是否过低或已磨损，需更换；⑤压穗轮上的胶板是否磨损，需更换。

(6)玉米播种时的接口行距往往宽窄不一,有大有小。作业时应坚持对行收割,做到宁可少收一行,也要防止因果穗卡住拨禾链而造成脱链。不对行作业时有关部件易产生堵塞。

(7)要注意各工作机构的工作情况,不允许工作部件堵塞。搅龙、升运器、剥皮器和茎秆切碎装置是容易产生堵塞和缠绕的部件,应注意及时清理,否则将会导致收获质量的下降,造成玉米联合收获机零部件的损坏。防止的方法:一是注意选择相适应的收获前进速度;二是当发现有堆积现象时,玉米联合收获机停止前进1~2分钟,让各工作部件继续运转,以便果穗和其他物料从工作部件中排出,特别是在收获机到地头时,否则,收另一趟时原来未排出的和新喂入的果穗堆积,其工作部件容易造成阻塞。

(8)当割台损失增大时,应检查摘穗板之间的工作间隔是否合理。间隙过大,籽粒损失大;间隙过小,会使大量的玉米叶、茎秆碎段混入玉米果穗中,引起堵塞。

(9)当玉米联合收获机转弯时或遇横沟时,应把摘穗台及茎秆切碎机升到安全位置。玉米联合收获机转弯时行驶速度要放慢,可通过调无级变速来解决,否则易损坏机器。

(10)玉米联合收获机作业前,应平稳地结合工作部件离合器、油门由小逐渐加大,使切碎滚筒从低速增到额定转速。手油门按到底,此时油门最大,当切碎滚筒达到额定转速后,收获机才能收获作业。

(11)茎秆切碎装置的传动带不允许张得过紧,过紧会使轴受损而引发故障。

(12)作业时,应注意发动机的油压、油温、水温和电流表指示的读数是否正常。

(13)启动发动机时注意持续启动时间不得超过15秒,再次启动时需等60秒后才能启动。

(14)发动机不工作时,一定要拉下总开关,切断电源。

162.玉米联合收获机如何进行日常保养?

(1)每日工作前应清理玉米联合收获机各部位残存的尘土、茎叶及其他附着物。

(2)检查各组成部分连接情况,必要时加以紧固。注意检查粉碎装置的刀片、输送器的刮板和板条的紧固,轮子对轮毂的固定。

(3)检查三角带、传动链条、喂入和输送链的张紧程度。

(4)检查减速箱、封闭式齿轮传动箱润滑油是否有泄漏和不足。

(5)检查液压系统液压油是否有泄漏和不足。

(6)及时清理发动机水箱、除尘罩和空气滤清器。

(7)发动机按其说明书进行技术保养。

163.玉米联合收获机入库前怎样维护保养?

(1)清洁。①清理表面杂物:清理割台处、升运器处、发动机表面、行走变速箱、左右护罩内外的积叶、积草、尘土等杂物,保持机具表面整洁;②清理表面油污:清理液压油箱、燃油箱、发动机表面、输油管路、液压阀、缸等表面的油污,并检查是否有滴漏现象,及时修复,保证液压系统完整可靠;③清理泥污:清理粉碎机壳内部的黏泥,保证壳体内腔干净;清理轮胎上的泥污,保证轮胎表面干净;倒转粮仓,将仓内杂物及泥污清理干净后恢复常位;④清理锈蚀:用钢丝刷或纱布将割台搅龙或其他薄铁皮件表面的锈蚀清理干净,涂上防锈漆,有条件的可再涂一层面漆。

(2)放松。①将所有传动链条摘下后用汽油等溶剂将油污清洗干净,并用机油浸泡,但不再将其张紧至工作状态,使链条保持松弛状态;②将所有传动皮带摘下后用水清洗干净,置阴凉处晾干,然后按原来位置装配好,但不再将其张紧至工作状态,使皮带保持松弛状态;③将驱动轮胎气压放至大气压,然后用坚固的木块可靠地将前桥支起,使轮胎支离地面,呈放松状态;④所有液压缸均收缩至最短行程,保证缸内不受液压力;⑤放下割台安全卡,将割台支撑牢固,调整割台支座,使割台稳固着地,并保持左右高低一致;⑥取下蓄电池,并摘下正负极电缆线;⑦为防止冬季水箱及发动机机体冻裂,长期不用收获机时,务必将水箱冷却水放干净;⑧将柴油箱柴油放干净,以防止火灾。

(3)润滑。①按润滑表对所有轴承部位黄油嘴加注润滑脂,润滑脂一定要加足;②对磨损造成金属裸露的部位涂上润滑脂以防生锈。

164.玉米联合收获机的安全生产要求有哪些?

(1)非机组人员不得随便上联合收获机。

(2)收获机运转前和起步前,都必须先发出运转和起步信号。

(3)机组人员不能穿长和宽大的衣服,刮风时要戴上风镜工作。

(4)收获机工作时,严禁在收割台前和拖拉机前活动。

(5)收获机在空转和工作时,严禁排除各种故障。

(6)收获作业时禁止任何人在田间、地头躺卧休息。

(7)夜间工作机组人员不得在收获机上睡觉,必须有足够的照明设备。

(8)滚筒堵塞、茎秆苞叶在发动机及传动部位堆积时,应将发动机熄火后进行故障排除。

(9)没有或带有工作不良的火星收集器的联合收获机、拖拉机或汽车以及没有铁锨、沙袋、灭火器等防火器材的机组,不允许进行收获作业。

(10)严防漏油和加油时有撒漏现象,发动机过热工作时应立即排除故障:注意检查电线,电器导线不准裸露,以防止电线短路起火。

(11)不准在收获机上吸烟。夜间工作时,严禁明火检查机具各部位。

(12)当发动机外壳的侧板被打开时,不要使用收获机。

(13)当在田间需要气焊时,应把收获机停放的地方及其周围的茎秆、叶片及其他易燃物清除,同时把沙袋(箱)和水桶放在旁边,以防万一。

165.玉米联合收获机操作注意事项有哪些?

(1)悬挂式玉米联合收获机在长距离行走及运输过程中,应将割台和切碎器钩挂在后悬挂架上,并且只能中速行驶,机组人员除一名驾驶员外,其他部位不允许坐人。

(2)在进入地块收割前,驾驶员要了解待割地块的基本情况,如地形、品种、行距、成熟程度、倒伏情况,地块内有无木桩、石块、田埂、未经整平的沟,是否有可能陷车的地方等,应尽量选择直立或倒伏轻的田块收割。收割前将地块内倒伏的玉米穗和两头的玉米穗摘下运出,然后进行机械收获。

(3)在机具进入田块后,应再次试运转,并使柴油机转速稳定在正常工作转速,方可开始收割,严禁超转速工作。

(4)应先用低Ⅰ挡,在地块中间开出一条车道,便于卸粮车和人员通过,然后割出地头,便于地头转弯。

(5)试割期间,先采用低Ⅰ挡,如果工作正常再适当提高一个挡位。收割一段距离后,应停车检查收获质量,观察各部位调整是否适当。

(6)工作中驾驶员应灵活操作液压手柄,使割台和切碎器适应田块的要求,并避免切碎器锤爪打土,扶禾器、摘穗辊碰撞硬物,造成损坏。

(7)收获机到地头时,不要立即减速,而应继续保持作业部件高速运转前进一段距离,以使秸秆被完全粉碎。

(8)柴油机水温超过90摄氏度时,应停车清洗散热器,并及时补充冷却水,但不要立即打开水箱盖,以免烫伤手、脸,应冷却一段时间后再打开水箱,补充冷却水。

166.机械收获油菜应注意的问题有哪些?

(1)适时收获。机械收获油菜时,若收获过早,籽粒含水量高,品质差,出油率低;若收获过迟,因过于成熟,菜籽易炸裂脱落,造成损失,影响产量。油菜机械化收获最佳时期是在菜籽到八九成熟,即接近完熟期,一般要比人工收获迟3~5天。适时收获是保证油菜单产提高的关键,机械适割期特征为:全田植株叶片基本落光,主花序70%已变黄,角果黄熟,籽粒深褐色,侧枝角果籽粒浅褐色。

(2)机械收获油菜作业时,应避免中午高温时段,实行“早开工、午停机、晚收工”的作业办法。

(3)掌握合适的作业速度。根据油菜的成熟度、湿度、长势、产量等情况合理确定行驶作业速度,作业速度不宜过快。

(4)注意堵漏。油菜籽粒小,光滑,流动性好,收割机上细小的缝隙都可能漏出油菜籽而增加损失,因此要注意检查并采取必要的堵漏措施,以减少损失。

167.用谷物联合收获机收获油菜时应注意什么?

(1)采用普通谷物联合收割机收获油菜时,要及时根据田块不同的作物产量高低调整收割机各项运行参数,有条件的要对机械进行相应的改装,除对清选、脱粒部位进行改装外,还要在割台部位加装立刀分禾装置,并减少拨禾轮的齿数,降低拨禾轮转速。

(2)采用普通谷物联合收割机进行固定捡拾脱粒作业时,应切断行走传动和割刀传动。

(3)在机械收获油菜时,还应注意选择最佳收获时间,以减少收获损失和防止油菜籽品质的下降。

(4)勤检查、清理筛面。机械收获油菜的损失率大小,除了机械本身的性能以外,主要还取决于机手的细心程度,特别是要勤检查、清理筛面,才能确保较低的损失率。这是因为油菜秸秆粗大,含水率高,油菜叶、油菜籽、油菜角壳和秸秆屑很容易黏结和堵塞清选筛面,因此机手必须经常检查和清理,否则损失率就会增大。

168. 机械收获马铃薯时应注意哪些问题?

机械收获马铃薯时,为了达到省时、省工、省力,提高机械使用的经济效益和马铃薯的商品率,应注意以下3个问题:

(1)在确定收获期的前10天左右,应先轧秧或割秧(轧秧的方法是将废旧轮胎用轴穿成串,用拖拉机拖拉轧秧),使马铃薯薯皮老化,防止收获时马铃薯破皮而影响商品薯质量。

(2)每个机组匹配检薯人数要合理,小型收获机一般配12人左右,大型收获机配40人左右,从而保证人员的合理使用,做到既不使机具闲置,又不浪费人工。

(3)收获作业正式开始前应在地头调试好机具,并试收一段,特别要注意调整好犁铲入土深度,过浅易伤薯,过深则增加拖拉机负荷,影响薯土分离质量。过深和过浅都会影响收净率。

169. 马铃薯收获机械如何正确使用?

使用机械收获马铃薯,工作效率高,能大幅度缩短收获期,防止早期霜冻的危害,减少损失,还可以大大减轻劳动强度。马铃薯进行收获分为割秧和挖掘两个部分。当马铃薯植株大部分茎叶枯黄,块茎容易与匍匐茎分离时,选择土壤不潮湿,天气晴朗的日子开始收获。

(1)割秧。通常在收获前10天左右,先用割秧机割掉全部薯秧。割秧的目的,一是促使薯皮变硬、变厚、老化,减少收获时的破损;二是防止收获时薯秧缠绕在振动筛上。

割秧机由机架、割秧刀、传动系统和挡板组成。割秧机通过万向传动轴与拖拉机动力输出轴链接,驱动割秧刀,将薯秧打碎,留在田间。连接时,先装好传动轴,再按照三点悬挂式将割秧机挂接在拖拉机上。调整地轮的高度,可改变割秧刀离地的距离。距离过远,不能清除全部薯秧。距离过近,容易损伤上层的马铃薯。割秧机一次可以打碎垄上的秧,拖拉机左侧车轮应走在第一、第二垄之间,右侧车轮走在第三、第四垄之间。作业中以中等速度行进,注意走正走直,避免拖拉机压坏垄台。

(2)挖掘。打完秧之后10天左右,就可以开始用机械挖掘马铃薯了。马铃薯挖掘机由机架、挖掘铲、振动筛、行走轮、输送部分和托轮组成。马铃薯挖掘机与拖拉机成三点悬挂连接。振动筛和输送部分,通过万向传动轴与拖拉机的动力输出轴的连接获得动力。拖拉机带动挖掘机前进,挖掘铲将马铃薯挖掘出来,经传动,马铃薯向后移动,在传送过程中振动,经筛子将土筛去,随后滚落到地面。

机械收获马铃薯时,需要两人配合作业,一人开拖拉机,一人在后面观察,发现问题,应立即通知机手停车排除。应随时注意工作质量,视现场的情况,随时调整挖掘深度。挖掘铲入土过浅,容易损伤秧块,也起不干净。入土过深,增加拖拉机的作业负荷,马铃薯和泥土难以分离清楚,易被埋在土中丢失。调整左右两侧托轮的高低,可以改变挖掘深度。改变挖掘铲两端固定螺钉的位置,可以改变入土角度。获得更好的收获效果。收获中,应随时防止拖拉机走偏,车轮走上垄台,碾压薯块,或起半垄的情况发生。作业到地头后,需要清除振动筛上缠绕的薯秧、杂草,清除挖掘铲上的泥土时,应将机具放落地面,不允许在悬挂状态下清理机具和排除故障。收获的马铃薯应晾晒20分钟。按大小,装入不同的袋中,及时从田间运走,防止夜间冻伤。

170.机械收获马铃薯应注意哪些安全事项?

(1)驾驶员要精力集中,保证机具走直走正,拖拉机作业速度要相对稳定,防止窜行伤薯。如果土壤黏度大、湿度大时应慢行。油门尽量大些,以提高发动机转速,从而提高抖动筛的运行速度,达到薯土分离良好。

(2)机组在地头起落机具时要把握起落时机,落铲时要对准行,防止漏行。

(3)拖拉机在拖带或悬挂机具转移地块或短途运输时,应断开拖拉机与农具的动力连接,机具上不得坐人或放置其他物品,过沟坎时机组应慢行,防止损坏机具。

(4)机具升起时,严禁人员在机具下进行检修,清除缠草及杂物,以免造成人身伤亡。

(5)每作业15~20小时,要向作业机具润滑点加注润滑脂。

(6)作业到地头,需要时应及时清理堵塞机具的杂草、薯秧,清理抖动筛夹带的石块,清理犁铲铲尖的泥土,清理时要将机具落回地面。

(7)要经常检查抖动筛的松紧度,并及时调整。过松、过紧都会影响薯土分离质量和输送带的使用寿命。

171.药材挖掘机使用前需要进行哪些准备工作?

(1)检查收割机各个部件是否完好,修复变形的齿。

(2)按药材挖掘机说明书中的润滑系统图,对药材挖掘机全面注油保养。

(3)调整链条与三角带小型中药材挖掘机,对药材挖掘机上的三角带与链条,进行松紧度的全面检查,调整到最佳使用状态。

(4)检查保养割刀,清除动刀片及定刀片上的泥土。

(5)检查个部位螺栓松紧,如有松动,加以紧固,确保药材挖掘机正常作业。

(6)彻底清扫收获机。将收获机内外的泥土、碎秸秆、杂草杂物等清除干净。

172.饲草料收获机械的种类有哪些?

主要包括割草机、剪草机、搂草机、集草机、压捆机、垛草机和草捆捡拾装载机等。

173.割草机的分类有哪些?

按机动配套方式可分为牵引式、悬挂式、半悬挂式、自走式。悬挂式又可分为前悬挂式、后悬挂式和侧挂式。

按功率不同可分为小型、中型两种。其中小型又可分为背负式和侧挂式。

按切割器类型不同可分为往复式和旋转式。

割草机按用途不同,可分为普通割草机和复式作业割草机。

174.背负式小型割草机的操作要点有哪些?

首先,加足油箱燃油,打开供油开关,用手拉1~3次起动绳,发动机即可起动。发动机有减振装置,并将动力通过柔性传动轴传给刀片或锯片,操作者只要将机器背负在背后,双手握持工作杆向前,在草地上左右摆动刀片,就可边走边割,轻便自如,割茬低,割幅约1米。

175. 旋转式割草机的使用注意事项有哪些?

(1)由于牧草稠密、汁多,因此机器切割速度应控制在每秒2~3米。

(2)为提高牧草收获质量,要求尽量低割。因此,切割器应接近地面,并能较好地适应地形。

(3)作业时遇到障物时,应灵活操纵机器起落机构,在1~2秒将机器提起。

(4)应尽量减少机器对牧草的打击和翻动,使割下的牧草能均匀铺放于地上,以便于捡拾。

176. 背负式割草机怎样维护保养?

(1)作业前,检查机器各部连接有无松动,如有则紧固;刀片是否锋利,燃油箱是否有油,背带是否断裂,发现问题应及时解决。

(2)作业中,若发现发动机噪声高、振动大、刀片损坏等情况,应及时停机检修。

(3)作业后,应清除刀片上的泥土和缠草,修磨钝刀片或更换损坏的刀片,并给工作部件加注润滑油。

(4)季后长期不用,应按说明书要求对机器进行全面保养后,放置在通风干燥处保存,决不能与农药和化肥混存。

177. 搂草机分为哪几类?

按搂成的草条方向不同可分为横向搂草和侧向搂草两种类别,其草条分别与机器前进方向垂直与平行。

按工作部件不同,侧向搂草机又可分为滚筒式、指盘式和水平旋转式三种。

178. 搂草机的用途有哪些?

搂草机能将割后散铺在地面的牧草搂集成草条,以便于捡拾压捆。该机具有省力、效率高、质量好等优点,在牧草区深受牧民欢迎。

179. 指盘式侧向搂草机如何维护保养?

(1)作业前,检查机架各部连接情况和地轮的运转情况,发现问题及时处置。

(2)作业中,若出现弹齿拨动牧草卡滞、地轮不转动等故障,应停机检修好再继续作业。

(3)作业后,应清除机器的泥土和缠草,并向拐轴、地轮等传动机件加注润滑油。机器季后不用时,应对其进行全面保养后放置在干燥处。

180. 压捆机有哪些用途? 如何分类?

压捆机用于将收获好的干草压制成捆,以便运输到储草库或缺草地区供牛、羊等牲畜食用。

压捆机可分为固定式压捆机和捡拾压捆机两种。其中捡拾压捆机,根据压成的草捆形式,又可分为方捆活塞式压捆机和圆捆卷压式压捆机。目前,广泛采用的是直线运动的活塞式方捆捡拾压捆机和卷压式圆捆压捆机。

181. 什么是玉米青贮机械化技术?

青贮是利用微生物的发酵作用,长期保存青绿多汁饲料的营养特性,扩大饲料来源的一种简单、可靠而又经济的方法、其特点是:

(1)养分损失小,损失率低于调制干草的1/3。

(2)可长期保存。

(3)牲畜吸收利用率高,适口性好。

(4)储存空间小。

182. 青饲料收获机械分为哪几类?

青饲料机械化收获可分为分段收获法和联合收获法。分段收获法指青饲料的切割、收集、运输、切碎工序分别由不同的机械完成作业。联合收获法指用青饲料联合收获机一次性完成青饲料的收割、切碎和装载等作业工序，劳动强度小，生产率高。青饲料联合收获机按动力来源分为自走式、悬挂式和牵引式。

183.玉米青贮机械作业安全技术要求有哪些?

（1）驾驶员与操作人员必须经过技术培训。

（2）工作时穿好工作服，扣好纽扣，系好鞋带。

（3）结合传动机构和起步前，必须发出信号，禁止非机组人员靠近机器。

（4）机器转动行进作业中，严禁进行保养调整、清理或排除故障。

（5）机器行进作业时，严禁跳上跳下，严禁从动力输出轴上跨越。

（6）机器工作时，不允许有人停留在青饲料喷口的射程以内。

（7）运料车和青贮机的配合要有明确的信号规定。挂结拖车要慢，注意挂结人员安全。运料车在卸料时要停稳，与窖边保持一定距离，并注意工作人员。

（8）在割台下面工作时，必须将割台支牢；磨刀时必须锁紧磨刀手柄。

（9）青贮机运行时，出料管弯头必须转向后方。

（10）用拖拉机压料时，严禁青贮窖内站人。

184.玉米秸秆收割机如何安全操作?

玉米秸秆收割机与小型轮式拖拉机配套，采用立式前置悬挂连接，由机架、换向变速箱、刀轴、链条输送装置、平带输送装置等部件组成。

（1）使用该机作业时必须先检查各连接处螺栓、螺母是否松动，销轴是否牢固；机器运转时，严禁人员靠近，严禁猛升猛放，禁止带负荷起动和转弯;未停止运转,严禁检修保养设备和排除故障。

(2)该机作业时,要缓慢操作液压升降手柄,缓慢操作传动手柄,带动刀轴旋转后,要逐渐调整旋刀的作业高度,同时将拖拉机挡位手柄放到前进低档,再缓慢松放离合器踏板,即可投入正常作业。实际操作中机手可根据拖拉机的马力大小和地块的干湿情况选用合适的档位。

(3)非作业时间行驶,必须使旋刀离开地面,并停止刀轴旋转。

(4)根据地形、地质调整深度。

(5)机手必须操作熟练,熟悉拖拉机的性能。掌握玉米秸秆收割机的性能及工作要领。首次收割前,必须先进行收割试验然后才能进地收割。

(6)旋刀磨小或断裂,应及时更换新刀片,输送带拨板铆钉松动要及时铆固,拨板断裂应更换拨板;需注油处应及时注油。

(7)作业结束后,应清除杂草和泥土,每季作业结束,应清洗齿轮箱,更换钙基脂润滑油,将机组存放在干燥处。

185.秸秆粉碎还田机的分类?

秸秆粉碎还田机是由拖拉机驱动的能将田间直立或铺放的秸秆切碎并抛撒于田间的机器。秸秆粉碎还田机按其与拖拉机的挂接方式,可分为悬挂式与半悬挂式。按工作部件的结构形式可分为锤片式与甩刀式。按工作部件的作业方式可分为卧式和立式。目前国内生产的多是卧式秸秆粉碎还田机。

186.秸秆粉碎还田机的调整方法有哪些?

(1)秸秆粉碎还田机与拖拉机连接后,应首先调整还田机的横向水平、纵向水平和作业留茬高度。即调节拖拉机左右提升臂,使还田机左右成水平。调节拖拉机上拉杆长度,使还田机纵向接近水平。

(2)刀片离地间隙可由地轮调整或拖拉机上拉杆调整。地轮的调整是移动地轮轴在机架侧板上的相对位置获得的。应根据土壤干湿、坚实度,作物种植形式,地表平整状况酌情调整。

(3)作业前首先检查各零件是否完好,紧固件有无松动,并按使用说明书要求加注齿轮油和润滑油。

(4)检查完毕后,应进行空载试运转5~10分钟,确认各部件运转状况良好后,方可进行作业。

(5)作业时,禁止刀片打土,防止无限增加扭矩引起故障。若发现刀片打土,应调整地轮离地高度或拖拉机上拉杆长度。

187. 秸秆粉碎还田机的操作注意事项有哪些?

(1)作业时,应先将还田机提升至刀片离地面20~25厘米高度时接合动力输出轴,转动1~2分钟,挂上作业挡,缓慢松放离合器踏板,同时操作液压升降调节手柄,使还田机逐步降至所需要的留茬高度,随之加大油门,投入正常作业。

(2)转弯前应先将还田机提升(注意不可提升过高),转弯后方可降落工作。还田机升降时应平稳操作。工作中禁止倒退。

(3)机具运转时,机后严禁站人或靠近旋转部位。

(4)合理选择作业速度,对不同长势的作物,采用不同的前进速度。

(5)作业时应注意清除缠草,避开土埂、树桩等障碍物。地头留3~5米机组回转地带。

(6)作业时听到有异常响声应立即停车检查,排除故障后方可继续作业。检查万向节、刀片及齿轮箱等零部件时,必须先切断动力。

(7)作业中,应随时检查皮带的张紧度,以免降低刀轴转速而影响粉碎质量或加剧皮带磨损。

188. 如何安全使用秸秆还田机?

(1)作业前要检查作业地块,清除砖瓦、石块、铁钉、铁丝等硬质杂物,以免卷入,造成机器损坏和人身伤害事故。

(2)秸秆还田机作业时应保持技术状态良好,安全标志和防护装置完整。传动带、链条和传动轴等外露的回转件应配有安全防护罩,以免工作时发生危险。非作业人员不得进入作业区。作业时,禁止机器周围站人或跟踪,以防被卷起的物体伤人。

(3)秸秆还田机工作时,应先结合动力输出轴,后结合拖拉机前进挡,缓慢降落秸秆还田机。在转弯或倒车时,须先升起秸秆还田机。停车时应将秸秆还田机落至地面,不得悬空停放。严禁把秸秆还田机当旋耕机使用,因为这样会增加机器的负荷,大大降低切碎刀片的寿命。

(4)秸秆还田机作业时应及时清理拖拉机散热器上的堵塞物。按使用说明书要求进行定期保养。加注润滑油或润滑脂,拧紧松动的螺栓;检查刀片是否丢失,如有丢失要及时补上。在秸秆还田机升起状态下检修时,应有可靠的安全保护措施。

(5)刀片磨损更换时,应切断动力。切碎刀轴总成在出厂时都进行了动平衡试验,安装在同一刀轴上刀片的质量差不超过10克。因此,在更换刀片时,要选择质量基本相同的一组刀片把旧刀片同时换下,以保持刀轴的平衡运转,降低机器运转时的振动。

五、收获后处理机械

189.什么是场上作业机械化?

场上作业包括脱粒、扬场、清选、干燥、晒粮、装运、堆垛等工作。将场上各作业环节用机械作业完成,即实现场上作业机械化,可提高工效、减少损失,为确保丰收起着重要作用。

190.场上作业机械的作业方法及基本要求有哪些?

不同作物在场上有不同的作业方法。就是同一种作物,因场地条件、机组人员不一样,其作业方法也不尽相同。

(1)将机具拉入场内并在指定地点固定好(一般靠近谷物堆),并进行试运转及详细的检查、调整,方可开始正常作业。

(2)喂入手要有一定经验,体格要健壮,保证喂入量均匀,不间断。

(3)在脱谷工作中,机具的茎秆、颖壳、籽粒出口处,要各配备2~4人,使出口处始终保持畅通。

(4)为了提高工效,减少繁重的运输,机具在工作时,要根据情况随时移动,使机具靠近谷物堆。

(5)脱出的籽粒如果要送到别处晒场时,要装袋过秤后再运走。就地翻晒的籽粒,要等谷物脱粒完,茎秆、颖壳等清除后再翻晒。

191.场上作业机械的安全技术要求有哪些?

(1)作业中,要检查调整、保养机具或装卸传动皮带,必须在机具停止转动后方能进行。

(2)机具运转时,必须预先发出信号,并注意观察四周确无问题才能传动。

(3)作业机组的操作人员,在工作时不得擅自离开工作岗位。

(4)场上作业的喂入手,一般应使用木叉,使用时紧握在手,防止工具脱手进入机器内损坏机器。

(5)场上工作人员相互之间要保持一定距离,防止手中工具伤人,所穿衣裤要合身。在紧靠颖壳、茎秆、风大的地方,要戴上保护眼镜和口罩,女人发辫要放入帽内。

(6)严禁在场上吸烟,夜间也不准在场内生火取暖或用火照明。

(7)要准备充足的防火设备,如灭火器、沙袋、扫帚、水桶、铁锨等。

192.拖拉机场上作业时的注意事项有哪些?

(1)选好作业场地,安排好脱粒、晾晒、装袋和运送等作业环节。

(2)工作人员严禁在场上吸烟、划火,最好不要将火柴带为入场内。

(3)汽油、柴油和机油不得存放场内,备用燃油应离作业场地50米外存放,严防油料起火。

(4)拖拉机发动机的排气管要安装可靠有效的防火罩,以防排气管排出火星。

(5)夜间作业必须有良好的照明设施,以保证安全作业。

(6)作业现场应有专人负责安全,除与作业有关的人员外,儿童和非作业人员不得进入作业场内,以免影响作业和安全。

(7)作业场内要有消防设施,如备有水缸、水桶、沙堆、铁锹和灭火器等防火设施。

(8)拖拉机和碌碡应采用硬连接,连接销轴应用锁销锁住并加装保险链。拖拉机不要超负荷,不得猛轰油门,开车、停车要打招呼。动力输出轴与传送带尽量要有防护罩或防护栏,确保安全。

(9)手扶拖拉机碾场时,不得用脚控制行驶方向,不得撒把作业。

(10)作业时,驾驶人应精力集中,不得疲劳作业,不得将拖拉机交给无证人驾驶操作。及时检查、润滑碌碡轴承并清理缠草杂物。

193.脱粒机的安全生产注意事项有哪些?

(1)脱谷场应通风良好,备足防火用品,场内严禁吸烟和使用明火。

(2)脱粒机的操作人员要掌握安全操作方法。

(3)作业机组的传动部分应装上防护罩。

(4)机器运转时,不准挂皮带、注油、清理和排除故障。发现皮带跑偏时,应重新对正皮带轮中心,不能用木棒或铁棍硬性阻挡。

(5)发现滚筒、逐稿器和搅龙等堵塞时,应迅速停车清理,不准在传动状态下进行清理。发现轴承烫手(超过60摄氏度)、电机冒烟(超过70摄氏度)或发动机转速急剧下降时,应立即停车排除故障。

194.脱粒机操作要点有哪些?

(1)脱粒开始时,待脱粒机达到正常转速后才能喂入。停止脱粒前,要先停止喂入,待所脱的谷粒排尽后再停止运转。

(2)喂入要做到连续、均匀和满负荷,这对保证脱粒质量、提高生产率极为重要。喂入量过多,造成脱粒不净,甚至使滚筒堵塞;喂入量过少,也不易脱净,且使生产率降低。

(3)弓齿式半喂入脱粒机,应适当控制喂入深度。过深易堵塞滚筒,过浅则脱不净。

(4)喂入时要严防谷物中混进石头、螺栓等坚硬物,以免损坏机器或造成人身事故。

(5)工作中应注意观察机器工作情况,注意回转是否平稳、有无异声和气味、轴承是否发热等,发现问题应停车检查,应经常检查脱粒机脱净情况、谷粒清洁和破碎情况等,有问题及时采取相应措施。

(6)按规定进行技术保养。每班作业结束后,应清除机器内外的积存脏物,按照使用说明书的要求进行检查及保养。

195.脱粒机脱粒不净的故障原因及排除方法有哪些?

(1)滚筒转速低;适当调整滚筒间隙。

(2)滚筒的脱粒间隙大;适当调小脱粒间隙,并保证滚筒两端的脱粒间隙一致。

(3)作物潮湿;待作物晾干或烘干后再脱粒。

196.脱粒机破碎粒过多的故障原因及排除方法有哪些?

(1)滚筒的脱粒间隙小;适当调大脱粒间隙,并保证滚筒两端脱粒间隙一致。

(2)滚筒转速高;适当调低滚筒转速。

(3)作物过干:喷洒清水,提高潮湿度后再脱粒。

197.脱粒机排出的茎秆中夹带谷粒的故障原因及排除方法有哪些?

(1)喂入量过多;适当减小喂入量,并保证喂入均匀。

(2)作物潮湿;待作物晾干或烘干后再脱粒。

(3)风扇风量过大;适当调低风扇转速。

198.脱粒机谷粒中含有较多颖壳的故障原因及排除方法有哪些?

(1)筛孔的间隙过大;适当调小筛孔间隙,不使颖壳落到谷粒中。

(2)风扇的风量过小;在不吹出谷粒的前提下,尽量用高的风扇转速。

199. 如何正确操作脱粒机?

(1)用前准备

①安全检查。检查滚筒、皮带轮、轴承座等部件有无裂缝、断开或其他损坏情况。拧紧松动的螺母,如皮带轮、机架、紧固螺丝、滚筒间隙调整螺母、滚筒纹杆或钉齿紧固螺母等。

②试运转。首先在各运转部门加注润滑油,装好传动皮带,先用人力带动脱粒机转动,查看有无卡滞、碰撞和其他异常现象,若有,应及时排除。然后接上动力进行空运转试验,正常后即可试脱,若无问题,就可转入正式使用。

③操作人员衣着要紧凑,女同志要将发辫包起,防止衣服或头发卷入滚筒或传动皮带造成意外事故。严禁儿童在机器周围玩耍。

④脱粒机作业场地要选平坦开阔的地方并注意自然风向,出草和麦糠出口尽量与自然风向一致,以利于草和麦糠的顺利推出。当用手扶拖拉机作动力配套时,应注意排气管的方向,不要面向出草和麦糠出口。

(2)调整

①滚筒间隙的调整。滚筒间隙指滚筒与凹版之间的间隙,一般为1~5厘米。间隙大,脱净率低,破碎率低;间隙小,脱净率高,破碎率高。

②风量调整。风量大时,清选出的粮食较为干净,但易造成籽粒夹带损失。风量小时,清选效果稍差,但籽粒夹带损失减少。调整时要兼顾上述两方面,尽量做到损失少,清洗干净。

③滚筒转速的调整。不同作物对脱粒机滚筒转速的要求有所不同,如脱小麦的滚筒转速一般要求在每分钟1000转左右。用电动机作动力时转速一般是固定的,在这种情况下,只要选用合适的电动机

皮带轮，使滚筒转速达到额定值即可匹配。有些脱粒机在出厂时厂家配备有电机皮带轮，但也有不配备的，自制时可依照下列公式计算皮带轮直径。

电机皮带轮的直径×电机转速=滚筒皮带轮的直径×滚筒转速。当用手扶拖拉机作动力时，由于转速的调节范围较大，因此，与脱粒机配套比较灵活，脱粒机的转速可通过手扶拖拉机的油门控制。

200.脱粒机作业期如何维护保养？

(1)应经常注意机器的转速、声音、温度是否正常。每脱完一种品种或一天作业完毕，都应停机检查各处轴承是否过热，各紧固螺钉、键销是否松动，发现异常要及时排除。

(2)以柴油机为动力时，排气管及灭火罩应每天清理，以免严重积炭，影响排气和灭火效能；以电动机为动力时，炎热的中午要用禾秆将电动机盖起来，以防电动机因日晒发热。

(3)要定期检查各传动皮带的张紧度和各配合部位的间隙是否合适，并应及时调整。

(4)雨季作业时，要经常清理机器罩盖上的尘土、禾屑及滚筒、滑板筛面等处的杂物和黏结的泥垢，以免积水后使机件生锈。

(5)每次作业结束后，有条件的应把机器存放在库房或厂棚。存放在室外时，应用油布或塑料布覆盖，以防机器受潮或雨淋。

201.脱粒机封存期如何维护保养？

(1)将机器内外尘土、污垢、茎秆、颖壳等杂物清理干净。

(2)将传动皮带轮、脱粒机滚筒等未涂漆的金属零件表面涂上防锈油。对机架、罩盖等磨去漆皮的地方补刷油漆。

(3)卸下电机、传动皮带等附件，并连同其他附件一起妥善保管。

(4)将机器放置在干燥的库房或厂棚，有条件时最好用枕木垫起，并盖上油布，以免机器受潮、曝晒和被雨淋。

(5)来年使用前，应对脱粒机进行一次全面的清扫和检修，应打开全部轴承座盖，清除油污和杂物，重新上足润滑油，并更换修整变形、磨损的零件。更换滚筒纹杆时，应注意按重量分组，根据重量加平衡垫进行安装，以保持滚筒平衡。更换个别纹杆时，不但要注意平衡，而且还要通过适当调整垫片厚度来使滚筒在最小的径向跳动下运转。零件更换、修理后，各连接螺栓都必须按要求紧固牢靠。

(6)长途运输时应将脱粒机装在车上；短途运输，运输轮应加油。运输速度不得超过每小时5千米。

202.玉米脱粒机安全使用注意事项有哪些?

(1)由于脱粒机工作环境非常恶劣，因此，要事先对参加作业的人员进行安全操作培训，使其明白操作规程和安全常识。比如衣袖要扎紧、应戴口罩和防护服镜等。

(2)使用前必须认真检查转动部位是否灵活无碰撞，调节机构是否正常，安全设施是否齐全有效；要确保机内无杂物，各润滑部位要加注润滑油。

(3)开机前应清理作业场地，不得放一些与脱粒无关的杂物；要禁止儿童在场地边上玩耍，以免发生事故。

(4)喂料要连续、均匀，作业结束时不能立即停机，要让机器内部的玉米棒全部排空之后才能停机。发生堵塞现象时，要停机处理，不能存有侥幸心理。

(5)传动皮带的接头要牢固，严禁在机器运转时摘挂皮带或将任何物体接触传动部位。

(6)配套动力与脱粒机之间的传动比要符合要求，以免因脱离机转速过高，振动剧烈，使零件损坏或紧固件松动，引发人身伤害事故。

(7)不能连续作业时间过长,一般工作8小时左右要停机检查、调整和润滑,以防摩擦严重导致磨损、发热和变形。

(8)一般用柴油机作动力时,应在排气管上安装防火罩,防止火灾。

(9)作业过程中,通过声音辨别机器的工作状态。如在作业过程中出故障,应在停机后再进行维修和调整。

(10)经常检查各部件,如果发现安全隐患要及时更换和维修。

203.烘干机有哪些类型?

不同的粮食品种可以选用不同的烘干机。如以小麦、水稻为主的粮食产区可选择混流、混逆流型烘干机;如以玉米为主的产区,可选择多级顺流高温快速烘干机;不同的粮食有不同的干燥工艺和不同的烘干温度,根据烘干期粮食数量的多少,也可选择不同类型的烘干工艺和烘干机。如粮食品种多、数量少或粮食分散存放,应选用小型分批(循环)式烘干机或小型移动式烘干机。如品种单一,数量大,烘干期短,应选用大型连续式烘干机为宜。

204.烘干机适用的环境要求有哪些?

由于各种作物的收获季节不同,以及南北方烘干时的温度差异等因素,必须考虑烘干效果和作业成本。如沿海地区尽可能避免在低温潮湿的天气里烘干谷物,否则脱水效果差、生产率低、烘干成本高。北方地区在0摄氏度以下烘干作业,外界温度越低,所需的单位热耗相对较大,成本较高。因此在北方0摄氏度以下作业的烘干机外壁及热风管道应加保温层,以减少热量损失。

205.烘干机的故障原因及排除方法?

(1)烘干后的物料水分含量大于规定数值,其排除方法是控制烘干机的生产能力,加大或减少热量的供给。

(2)滚圈对筒体运转有摆动,其原因是滚圈的凹形接头侧面没有夹紧,排除方法是用垫板使滚圈和凹形接头保持均匀且夹紧适当,防止过紧而容易发生事故。

(3)大齿轮与小齿轮的啮合间隙被破坏,其原因是拖轮磨损、挡轮磨损、小齿轮磨损,其排除方法是根据磨损情况进行车削或更换,也可以反面安装或成对更新。

(4)通体振动,其原因是拖轮装置与底座连接被破坏,排除方法是校正紧固连接部位,使其处于正确位置;滚圈侧面磨损,消除方法是根据磨损程度,对滚圈进行车削或更换。

206.花生脱壳机如何正确使用?

(1)使用前,首先应检查各紧固件是否拧紧,旋转部分是否灵活,各轴承内是否有润滑油,脱壳机是否放置平稳。为了保证操作人员的安全,还必须对电动机的外壳采取接地保护(把电动机的外壳用导线与接地体可靠连接)。

(2)通电前应用人力将脱壳机转几圈,若有撞击声,应查明原因,再通电。

(3)通电后应先试运行并注意转子的转向是否正确。电动机启动后,转子的转向应与机具上所标识的方向一致。先空转几分钟,观察有无异常响声,运转正常平稳后,方可定量、均匀、连续地将花生投入进料斗。

(4)对花生干湿程度也有要求,即花生不可过干或过湿。太干会导致花生破碎率高,太湿则会导致脱壳的速度变慢。

(5)脱壳时,花生喂入要均匀、适量,绝对不允许有铁屑、石块等杂物混入,以防打碎花生仁或造成机械故障。当花生仁覆盖满筛子面时,方可打开出口开关。

(6)应根据花生仁的大小选用适当的筛网。

(7)解决花生壳增多的方法是将电动机向下移动,以便张紧风扇皮带,加大吹风量。

207.葵花籽脱壳机有哪些部分组成?

上料斗、提升机、圆周除杂机、多功能除杂机、提升机、分配防堵集群离心脱壳机、皮籽仁分选机、籽仁分选机、双通道螺旋提升机、除针皮复选机、双通道螺旋提升机、复选机、料槽、控制柜。根据客户需求可选配光电一体化自动控制系统,该系统具有自动角度调解,电脑监控,顺序启动、停机等功能。

208.葵花籽脱壳机如何正确使用?

(1)使用前,应先检查各紧固件是否拧紧,旋转部分是否灵活,各轴承内是否有润滑油脂,脱壳机组是否放置在平稳的地面上。

(2)使用后,要检查电源电压开关是否处于断开位置。

(3)电动机启动后,转子的转向应与机具上所指方向一致。先空转几分钟,观察有无异常响声,确认运转正常后方可上料生产。

(4)葵花仁内含皮增多时,可调整旋风的进风量,加大吸风量,以达到将皮吸尽的目的。

(5)籽仁中含未脱开的籽粒超标时,应及时调整振动电机和筛面的角度,提高精选效果。

(6)生产时,人要离振动电机远一点儿,以免伤人。

(7)设备应经常清除分选筛表面污垢和残存的籽粒等杂物,以确保葵花仁的精选效果。设备不用时一定要盖好,置于干燥库房内避免日晒雨淋。

六、农产品初加工机械

209.磨粉机的主要类型有哪些?

磨粉机是将小麦或其他谷粒粉碎,并从中提取面粉的设备。目前,农村广泛使用的磨粉机主要有圆盘式磨粉机、对辊式磨粉机和锥式磨粉机。另外,为适应多种需要,还有一些组合机械,如磨粉、碾米两用机、面粉加工成套设备。

210.圆盘式磨粉机振动严重或有异响的故障原因及排除方法。

(1)机座不稳固,应紧固机座螺栓。

(2)连接螺栓松动,紧固;物料内有杂质,清理原粮。

(3)动、静两磨片不同心,调整两磨片的同心度。

(4)轴承损坏,更换。

211.圆盘式磨粉机面粉温度高的故障原因及排除方法。

(1)进料太多,减少进料。

(2)两磨片间隙过小,适当退回调节手轮。

(3)粮湿,晒干。

212.麸渣内含面粉多的故障原因及排除方法。

(1)粮湿,糊筛绢孔,晒干原粮、清扫筛绢。

(2)进料流量过大,调整流量。

(3)风叶螺旋角过大,适当调小。

213.对辊式磨粉机磨辊间隙如何调整?

(1)粗调。合上手柄,调整压簧外端的螺母压缩 8 ~ 10 毫米,并使两边压簧的弹力保持基本一致。再观察两磨辊之间的间隙是否一致,不一致时可调整拉杆的长度。

(2)细调。用180毫米宽的薄纸条喂入到两磨辊之间,转动轧距调节手轮以调紧轧距,再用手转动皮带轮,观察薄纸条被两磨辊压的痕迹是否均匀一致。如不均匀,可调整拉杆的长度及弹簧的压力。

214. 对辊式磨粉机圆筛如何调整?

圆筛使用一段时间后,筛绢会变松,可转动棘轮轴上的棘轮调整筛绢的紧度。

215. 对辊式磨粉机生产率低的原因及排除方法。

(1)流量太小,调节手轮,增大流量。

(2)磨辊间隙不一致,调节两边拉杆长度。

(3)磨辊磨齿排列不对,磨辊排列为钝对钝,即快辊齿尖向上,慢辊齿尖向下。

(4)圆筛内的刷子刷不到箩底,调整毛刷。

(5)转速太低,按说明书配用一定齿数的齿轮。

(6)两磨辊磨损大,更换。

216. 对辊式磨粉机面粉粗或不白的原因及排除方法。

(1)筛绢粗或者破损,修补或更换。

(2)磨辊间隙太小,调整手轮。

(3)磨辊排列方法不对,改为钝对钝。

(4)弹簧压力太大,调整拉杆外端螺母。

(5)磨辊拉丝角度不对,将磨辊拉丝角度调为35~65度。

217. 面粉加工成套设备结构与工作原理。

面粉加工成套设备由清洗、润麦、磨粉、筛分、风送和净化等装置组成。小型面粉加工成套设备,一般装有5~6台单式磨粉机。在制粉生产中有皮磨、心磨两个系统的流程，有的采用皮心混磨一条龙工艺流程。小麦经过清理和粉间加工成为面粉。

218.面粉加工成套设备工艺流程。

(1)小麦清理。在高压离心通风机作用下，小麦经第一个接料器和卸料器进入组合清理筛，去除杂质后经第二个接料器和卸料器进入螺旋搅拌器，加水清洗后进入润麦仓。在仓中润湿后就可以磨粉。

(2)粉间加工。在高压离心通风机作用下，润麦仓的小麦经第三个接料器和卸料器进入贮粮斗，由第一、二台磨粉机同时加工一皮，磨下的麸粉混合物分别由风网提升到第一、二台风筛提粉器，提出面粉，剩余物进入第三台磨粉机，进行二皮加工，如此继续下去，直至完成四次研磨。从5个提粉器筛出的面粉全部送至集粉器，与空气分离后提出面粉。筛出的麸皮经刷麸机刷出。

219.面粉加工成套设备使用与调整方法。

(1)麦间的试车和调整。

(2)逐渐加大物料流量，并使各输料管物料基本均匀，以避免掉料。

(3)出现跑料或掉料时，可调节风机风闸。

(4)小麦筛理效果要好，否则应对组合清理筛进行调整。

(5)粉间的使用与调整。①为除去各工作部件的灰尘和污物，新机器试运转时，一般用100~150千克的麸皮来“洗磨”；②第一、二台磨机的物料喂入，应由少逐渐增多，直至满负荷运行。并调整轧距及检查磨粉质量，必要时进行调整；③观察提粉情况、集粉情况，必要时调整各风机(风筛)风闸，避免掉料和飞粉过多等；④调节风力平衡时，一般先关小风机的风闸，逐步加大物料流量，当流量达到一定程度时，观察各机的情况，若有掉料，可调整各个风筛的小风闸，对于掉料的管子，需开大风闸，不掉料的管子可适当关小，直至各料管风力平衡。

220. 面粉加工成套机组产量低的故障与原因。

(1)小麦质量差,如籽粒过硬。

(2)润水后小麦过湿,造成黏磨及堵塞。

(3)磨辊机磨辊严重磨损。

(4)喂料不均匀。

221. 面粉加工成套机组出粉率低的故障与原因。

(1)小麦质量差,如虫蛀、出芽、杂质多、品种差。

(2)小麦过湿,风筛提粉不净。

(3)风筛筛绢过细,风筛毛刷不出粉。

(4)流量过大,研磨不彻底。

(5)磨粉机漏料严重。

(6)经常出现掉料,使喂料不均匀。

(7)磨辊间隙调整不当。

222. 面粉加工成套机组面粉质量差的故障与原因。

(1)小麦品种不好。

(2)小麦含水量大,面粉颜色发青。

(3)小麦含水量小,面粉中麸星多。

(4)风筛和刷麸机漏麸皮。

(5)筛绢过粗。

(6)小麦清理不干净,含杂质。

223. 组合清理筛去石不净的原因及排除方法?

(1)筛面横向不水平,调整吊板长度。

(2)物料层太薄,一般在30毫米左右。

(3)排石嘴内部风门开得太大,适当关小。

224. 组合清理筛沙石中带麦过多的原因及排除方法。

(1)排石嘴内部风门开得过小,适当开大。

(2)筛面倾角不合适,调整吊板。

225. 小麦被打碎过多的原因及排除方法?

(1)打麦装置齿板与筛片间隙太小,调整齿板与筛片间隙。

(2)筛孔过大或筛子损坏,更换筛片。

226. 面粉中带麸或麦粒的原因及排除方法?

(1)筛绢上端未扎紧脱落,拆下筛绢重新扎紧。

(2)筛绢破损,更换。

(3)筛框下锥体密封不严,麸皮上窜,加强密封。

227. 室内飞尘多的原因及排除方法?

(1)布筒过滤器分配箱集尘器不严密,重新密封。

(2)布筒未扎紧,扎紧布筒。

(3)连接风管漏风,维修。

228. 布筒过滤器内粉太多的原因及排除方法?

(1)风量过大,调小风量。

(2)集粉器下端漏风或磨穿,修理。

(3)闭风器叶轮与外壳间隙过大,更换叶轮。

229. 薯类淀粉的生产工艺?

薯类淀粉的生产工艺流程如下:薯块—清洗—碎—筛理—淀粉乳—加水沉淀—洗涤—漂白—脱水—湿淀粉—干燥—筛理—包装—成品。

230. 薯类淀粉的生产设备有哪些?

包括清洗机、粉碎机或刨丝机、钢片干湿磨、锥磨、离心筛或平面振动筛与圆筒筛、斜槽或沉淀槽、离心甩干机、烘房或气流烘干机等。

231. 试述滚筒式清洗机的工作原理。

滚筒式清洗机由加料口、滚筒、旋导板、水槽等组成，长度一般为2~2.5米，直径600~800毫米。滚筒的下半部浸没于水槽中。工作时，从加料口进入的薯块落在滚筒内，滚筒内部焊有螺旋导板，推动鲜薯一面前进一面清洗。滚筒是由圆钢焊成栅格形式，污泥、土块能从栅格的缝隙排入水槽，最后从排污口排出机外。洗净的薯块被螺旋导板推出。

232. 试述螺旋式清洗机的工作原理。

螺旋式清洗机由水槽、漏泥网、螺旋升运器、传动系统和水泵等组成。水泵可以将水输送到升运器上端，顺升运器下流，升运器下端在水槽中。物料倒入水槽后进入螺旋升运器中一面被提升，一面靠水流的冲洗和物料之间的搓擦去除表面的泥沙。为提高洗涤效果，螺旋叶片上往往固定有毛刷。洗净后的薯块由于已被提升到一定的高度，正好进入下道破碎工序。这是一种应用十分普遍的清洗机。

233. 试述鲜薯的破碎和刨丝机的工作原理。

薯块的淀粉粒悬浮于薄壁细胞的细胞汁中，破碎程度越大则出粉率越高，一般要求破碎度在90%以上。目前，我国农村使用的薯类制粉机上的刨丝滚筒常用铁板卷制而成，在铁板表面冲出毛刺来代替齿刃，结构简单，造价较低，但不耐磨。毛刺磨平后就得重新加工或换新滚筒。常用的破碎机有磨盘及锯齿破碎机。鲜薯刨丝机也叫擦碎机，是薯类淀粉加工中的粉碎设备，用来破坏生物细胞以制取淀粉。机体为分开式的，打开后可以清洗和维修筛板。齿刃用薄钢板做成锯齿状，并固定在滚筒外表面的沟槽内，与滚筒表面相距2毫米的筛板是用钢板加工而成的，安装在机体上，筛面呈栅格状，筛孔面积约占总面积的28%~35%。工作时，洗净的鲜薯从进料口落到滚筒表面上，不断被高速旋转的滚筒上的齿刃刮削并破碎成细小的颗粒，穿过筛孔排出机外，进入下一道工序。

234.试述小型薯类成套设备的使用和调整。

(1)作业前先将清洗机水槽加满水，打开喷淋水管，然后启动磨浆分离机、刨碎分离机和组合筛，打开供水管供水，开动浆液泵和螺旋清洗机。

(2)全部设备开动后，将浸泡好的薯块不断地加入到清洗机内。

(3)清水用量应严格控制，过大过小都不好，一般鲜薯与水的质量比为1:4左右，浆液的密度一般以每立方米1.020～1.035克(3~5波美度)为宜，可用密度计(或波美度计)进行检测。

(4)清洗机水箱中的水应根据使用情况更换。

(5)工作完毕应对整机进行清洗，特别是锥筛和平筛的筛网要清理干净，以免因筛孔堵塞而降低筛分效率。

(6)使用磨浆分离机时磨片间隙应调整为0.5毫米左右，可拧上部的手柄使螺旋旋紧，然后退回90度。

(7)清洗机螺旋下的钢丝网，每加工一定量的鲜薯后予以更新。

(8)各传动轴承应经常加注润滑油、润滑脂，磨浆分离机和刨碎分离机主轴两端的油杯，每工作48小时应加注一次钙基润滑脂，并对整机每月定期保养一次。

(9)机组中的电器设备和传动带均不得被水打湿或进水，以免发生短路或传动打滑。

(10)定期检查传动带的松紧度，若松弛可调整带轮中心距使传动带张紧。

(11)搅拌机开机前，应将沉淀池加足水，加水量为淀粉乳的3倍，然后开机搅拌，再将斜槽和沉淀槽内的淀粉不断地加入到沉淀池内,加满后再搅拌30分钟。

(12)在机组设备工作时,若发现刨碎分离机的电流表长时间处于超载状态,应适当减小清洗机的喂入量。

(13)刨碎分离机和磨浆分离机中不得进入铁石等硬杂物,以免损坏机件。

(14)刨丝滚筒上装的齿条用一段时间后,如发现生产率下降,粉渣变粗,应将齿条拆下,换另一面新齿继续使用。

235.螺旋榨油机的使用及调整方法有哪些?

(1)油料在入榨前的干湿度,温度要适宜。

(2)在完成压榨前的准备工作之后,把螺旋轴拧到死点,再退回3~4圈,保证出饼口处有一定间隙,否则会因突然入料后不出饼而使机体胀裂。

(3)打开插料板,慢慢加料,并观察出饼处是否出饼,如果不出,应该继续把螺旋轴退出1~2扣;如果还不出饼,则应停机检查、排除故障后再进行工作。

(4)开榨后应慢慢调节饼厚,调整饼厚到0.3~1.0毫米时,可搬动手杆锁紧调整螺母,加大喂料量。

(5)开始压榨时,由于机体太凉,产量和出油率均不高,待机温达到60~70摄氏度时(机体外面烫手),即可正常工作。

(6)在停车前1~2分钟内,先关闭进料口下插板,停止加料,并将螺杆退出2~3圈,加大出饼间隙,使机膛内余渣排出。

(7)在较长时间(1小时以上)停机时,应将螺旋轴抽出,清除机腔内残饼,准备再榨。

236.螺旋榨油机的维护保养方法有哪些?

(1)工作中应经常检查出饼口情况,如果出饼不畅或停止出饼时,应停止加料,排除进料口存料,慢慢退出主轴,清除堵塞。

(2)不断清除漏渣,以防油路堵塞。回收的油渣可放回料斗继续压榨。

(3)榨油机出现故障,螺旋轴卡死时,应立即停机,将插料板插死,排料板打开,立即倒车把螺旋轴退出。

(4)定期润滑各部位,该机采用润滑脂和润滑油润滑。

237.螺旋榨油机螺旋轴突然卡住的原因及排除方法有哪些?

(1)加料过快,负荷突然增大,立即停车,倒出榨膛内的饼渣。

(2)油料中硬壳多又干,阻力大,去除硬壳,调整油料水分。

(3)出饼口间隙过小,出饼圈不光滑,调整出饼口间隙,并磨光出饼圈。

(4)机体温度低,提高机体温度。

(5)硬物随油料进入榨膛,掏出榨膛内的硬物和饼渣。

238.螺旋榨油机饼渣有异常尖叫声的原因及排除方法有哪些?

(1)金属石块进入机体,立即停车清理。

(2)紧固件松动,紧固各部位螺钉。

(3)润滑不良,及时加润滑油。

(4)下料不均或过猛,均匀加料。

239.螺旋榨油机出油率不稳定的原因及排除方法有哪些?

(1)油料的干湿度不合适,调节油料水分;

(2)榨条间隙过小或被料渣堵塞,检查榨条间隙,疏通油路;

(3)机体温度或料温过低,提高机温或料温。

240.螺旋榨油机出饼不顺利、厚薄不均、表面不光滑的原因及排除方法有哪些?

(1)出饼圈与主轴锥面不光滑,磨光表面。

(2)榨螺与榨膛不同心,调整其同心度。

(3)螺纹处被碎渣堵塞,清除螺纹中杂物。

241.螺旋榨油机生产率低的原因及排除方法有哪些?

(1)榨螺磨损严重,更换零件。

(2)漏渣太多,调节榨条间隙或更换新榨条。

242.螺旋榨油机出油浑浊的原因及排除方法有哪些?

(1)油料过干,调节油料水分。

(2)机体温度低,提高机温。

243.螺旋榨油机冒渣严重的原因及排除方法有哪些?

(1)榨条磨损,缝隙太大,更换榨条,调整间隙。

(2)榨膛压力过高,调节出饼口间隙。

244.螺旋榨油机进料口存油的原因及排除方法有哪些?

(1)榨条间隙小、油料含油量高,将榨油出油间隙适当调大。

(2)榨条间隙堵塞,将榨膛清洗干净。

245.液压榨油机的使用及调整方法有哪些?

(1)第一次开车前,应先对榨油机各部分进行检查,主要包括油箱油量是否充足、连接件有无松动、液压系统是否漏油、活塞升降是否灵活、压力表及安全阀是否正常灵敏。

(2)操作时先卸去活动肩上的插销,拉开活动肩,转去挡饼杆,装入压好的饼坯,饼坯叠层要整齐平稳、不得偏斜,装满至顶板为止。然后将挡饼杆转进,关闭活动肩,插入插销。

(3)旋转手轮,关闭回油阀,按动手杆使液压泵向液压缸泵油,使活塞上升,对饼坯进行压榨。先用轻泵(0~4兆帕),后用重泵(至35兆帕),活塞上升的距离最大不超过500毫米,在活塞500毫米以下部分开有一道油槽,用以控制活塞的行程。

(4)压榨完毕后,缓慢开启回油阀,使油回到油箱,待活塞下降至最低位置,将阀关好。

(5)取出插销,拉开活动肩,转出挡饼杆,卸下油饼,这一步骤可在回油时兼顾进行。

(6)压榨操作中,加压的时间和达到出油压力的时间均不宜过长,一般不超过6分钟。

(7)液压用油必须是植物油(桐油除外),一般榨什么油料就用什么油,当油料品种变更时,液压油也应随之更换。

246.液压榨油机的维护保养方法有哪些?

(1)每天在开榨前和压榨中,注意活塞表面的清洁,不应沾上脏物和油污。

(2)油箱中的油液应保持清洁,向油箱中加油时应进行过滤。使用一段时间后,应对油箱中的油重新过滤或更换新油。

(3)用液压泵加压时,不可太急太猛,以防机件损坏。由此而产生的液压冲击也容易使液压件受损。降低压力时,打开回油阀,使液压缸中的油回到油箱内时,也应缓慢开启阀门,避免压力骤降。

(4)严禁随意加长液压泵摆动手柄,使各零部件超载运行。

(5)严禁将安全阀调整到压力表读数达40兆帕以上,以避免管路和液压缸出现胀裂。

(6)操作时注意机器的运行情况,对易损件,如皮碗、密封装置、钢球、活塞等注意检查,及时修理和调换,对松动的螺母加以紧固,定期对机器进行检修和清理。

(7)榨油季节过后,应将榨机全面检修,擦拭干净,在容易生锈的部位涂抹润滑脂,并用油纸或牛皮纸包好,以防生锈。

247. 液压榨油机液压泵压力不够的原因及排除方法?

(1)出油活门有污物或接触不良,拆洗后加以研磨,使其密合。

(2)榨机上进出油阀螺塞与阀座接触不良或未旋紧造成回油,研磨榨机上的进油阀螺塞和阀座,使其密合或旋紧螺塞。

(3)小活塞与泵体磨损间隙过大,更换新泵。

248. 液压泵抽不上油的原因及排除方法有哪些?

(1)滤油网被阻塞,清洗滤油网。

(2)油液使用过久,有沉淀物附着在进油活门上,使油门不密合。更换新油或放出旧油过滤并清洗进油活门,并加以研磨,使其密合良好。

(3)油箱内油太浓或因天冷凝固,更换稀油,冷天应提高室温。

(4)油箱中油量不足,向油箱中加足油量。

(5)液压泵中未成真空,拨出小活塞,注入油液后再压。

249. 液压榨油机压力表指针不能保持、迅速下降抽不上油的原因及排除方法有哪些?

(1)安全阀不密封,研磨安全阀使其密合。

(2)进出油阀螺塞和钢球接触不良,研磨进出油阀使其密合。

(3)各油管接头及液压缸螺塞与液压缸进油孔未旋紧,旋紧各油管接头和液压缸螺塞。

(4)三通回油阀门与钢球接触不良,研磨回油阀门。

250. 液压榨油机安全阀失灵的原因及排除方法有哪些?

(1)油不干净,污物沉附接触表面,拆开清洗,如阀口、阀针损坏应研磨。

(2)弹簧失去弹性,更换弹簧。

(3)调节螺钉回松未到规定压力,重新调节螺钉,使压力达到40兆帕。

(4)经常超压作业,使钢球将阀门碰伤,重新研磨阀门,更换新钢球并注意按操作规程操作。

251.小型榨油成套设备由哪些机器组成?

(1)主要设备由斗式输送机、组合筛选机、轧坯机、螺旋输送机、蒸烘机、螺旋榨油机、滤油机、锅炉和电气控制装置共9台组成。

(2)工艺流程(以花生榨油成套设备为例):油料由斗式输送机提升到组合筛选机,在筛选机内经风选和重力清选去除壳皮、石粒等杂质,清选出的花生米再送入轧坯机进行轧坯,坯厚约3~5毫米。坯料再由螺旋输送机送到蒸烘机,坯料在蒸烘机内经蒸炒,使坯料的水分和温度达到入榨要求,然后进入榨油机进行压榨。榨出的毛油流入沉淀池,沉淀后的油经滤油机过滤,最后将净液泵入油罐储存。进一步处理可以得到高质量的食用油。

252.小型榨油成套设备的使用方法有哪些?

(1)先将锅炉内加入足够的软化水,将储气包阀门关闭,然后开炉点火,使锅炉蒸汽压力达到0.6兆帕。

(2)再将电气控制屏上电源开关合上,把控制屏上的旋钮拨到"工作"位置,然后启动组合筛选机、斗式输送机、籽壳分离机、轧坯机等设备,原料经清选、剥壳分离等轧成坯料。

(3)打开储气包上的阀门和蒸烘机的上、中、下各锅的蒸汽阀门,使蒸烘机预热。当蒸烘机各锅的压力均达到0.5兆帕时,再按动蒸烘机上的启动按钮,使轧坯机后的螺旋输送机与蒸烘机同时运转,坯料由螺旋输送机送至蒸烘机的上锅,与此同时,将上锅的喷气阀门打开进行蒸坯,蒸坯约30分钟后,将中锅外侧上的定位螺钉拧下来移到定位座最上面的螺孔中,将上锅锅底料门开启,使蒸好的坯料进入中锅炒坯,20~30分钟后,以上述同样方法将中锅锅底料门打开,让坯料进入下锅继续烘炒。

(4)把榨油机上启动按钮按下，使榨油机空载运行，准备开榨。当下锅的坯料含水率和温度均达到入榨要求时，打开下锅出料门，使坯料进入榨油机压榨。

(5)压榨出的油经沉淀后由滤油机、精炼锅进一步处理。

253.小型榨油成套设备如何调整与维护？

(1)坯料入榨时其含水率和温度均应达到入榨要求，如菜籽的入榨水分为1.5%~2.5%、温度为120~130摄氏度，参考相关数据。

(2)如果榨油机吃不下前面的坯料，可按动组合筛选机上的停止按钮，使斗式提升机、组合筛选机、籽壳分离机和轧坯机停止工作。需要继续工作时，再按筛选组合机上的启动按钮，使上述设备恢复运行。轧坯机后的螺旋输送机的开停是由蒸烘机上的微动开关来控制的，当上锅的坯料达到规定的烘炒高度时，微动开关动作使螺旋输送机停止运动；坯料低于规定高度时，微动开关又使输送机启动。

(3)当螺旋榨油机超负荷时，控制屏上的熔断丝熔断，榨油机立即停止运行，这时应将机器榨膛内的多余坯料掏出，使榨油机主轴能够转动，然后再按动工作按钮。

(4)当料坯温度过高、过于干燥时，可打开下锅放气阀门，向锅内放气，与此同时，关闭下锅加热蒸汽阀门，使料坯达到正常温度要求。

(5)锅炉的使用维护应严格按照规定的操作规程进行操作，以确保人身和设备的安全。出现故障立即排除，不得带病作业，未经清选的油料不得进入轧坏机和螺旋榨油机，以免造成机件的急剧磨损和损坏。

(6)工作中若突然停电时，需立即关闭电气控制屏上的电源总开关，关闭各单机上的进料口闸门，将轧坯机的间隙调大，以免启动时电动机过载。如果停电超过5分钟,则需将螺旋榨油机的榨螺抽出,将榨膛内的坯料清除,以免坯料在榨壁内硬结、使榨机不能工作。

(7)车间内温度不得低于15摄氏度,以免影响出油率和生产率。

(8)设备运转4~6个月需全面检修一次,更换磨损的零部件,将齿轮箱加足机械油、轴承加注润滑脂,清除设备中的污物,紧固各处的连接螺栓,并将设备外表擦拭干净。

(9)要经常检查各齿轮箱内油温的高低,如油温超过规定的范围,应立即采取措施降温。

(10)停机一天以上时,应将设备中的原料、坯料全部清理干净,并将蒸烘机夹层的存水放净。

254.组合筛选机一、二、三层筛面上油料走单边的原因及排除方法有哪些?

(1)进料斗宽度方向上下料不均匀,检查机架安装是否水平并调整至水平。

(2)筛面横向不水平,调整左右吊杆长度使之相等。

(3)筛体出现扭摆,调整偏心轮轴使之与机架垂直。

255.轧坯机轧出的坯料厚薄不均的原因及排除方法有哪些?

(1)轧辊两端间隙不一样,重新调整轧辊间隙。

(2)一端紧固螺母松动,调好间隙,将螺母紧固。

256.蒸烘机的常见故障及排除方法有哪些?

(1)上锅蒸坯不均匀,喷汽孔有堵塞或锈蚀,疏通喷汽孔。

(2)坯料在中下锅内煳锅底,若刮板安装离锅底太高,调整刮板与锅底的距离;若刮板挠曲磨损,更换刮板。

(3)坯料蒸炒生熟不均,若上锅进料不均有间断现象,调整限位开关、触头和浮板,使其动作协调。

257.滤油机油中含杂质增多的原因及排除方法有哪些?

(1)滤布破损,更换新滤布。

(2)长时间未清理滤油机,经常洗刷滤油机。

七、农用搬运机械

258. 怎样保护和保养拖拉机挂车?

(1)装载石头、砖瓦等尖硬有棱角的货物时,不能乱丢重放、以免损坏箱底、箱板,使其脱漆、刮伤、凹坑、破洞等。

(2)运送化肥、农药等有腐蚀性货物时,要用草席、彩条布等将货物与车厢隔开,卸货后将残留在车厢里的货物残余冲刷干净,以免车厢因腐蚀而损坏。

(3)挂车不能严重超载,以免车架、箱板变形,轮轴弯曲,刚板弹性减弱,轮胎、轴承加速老化和磨损等。

(4)车架松动、断裂或箱板穿孔后,要及时修理焊接。

(5)按规定对活动连接部位进行及时调整或加注润滑油脂,以免长期润滑不良、紧固不当,造成早期磨损。

(6)定时清理车厢上的泥土、杂草等杂物,以免造成车厢生锈或穿孔。

(7)长期露天停放时,要加以遮盖,以免日晒雨淋,导致车厢生锈、轮胎老化。

(8)挂车大面积严重脱漆时,应及时补漆,以防生锈破损。

259. 农用运输作业安全操作注意事项有哪些?

(1)严格按道路交通管理条例驾驶农业机械。

(2)作业机组只准挂一辆挂车。挂车必须安装汽(油)刹装置、保险链、防护网以及尾灯、牌号灯、刹车灯、转向灯。并经常检查,保证刹车装置、转向装置、灯光装置状况良好。

(3)严禁从事客运和人货混装。装运危险品和剧毒品时挂车上不准乘人。

(4)严禁用改变发动机转速的方法提高行驶速度。拖拉机左右制动踏板需联锁牢靠。

(5)通过渡口和铁道口时要听从渡口、道口管理人员指挥。通过无人看守道口时要停车瞭望,确认无火车时再通过。一旦在道口发生故障,应立即将机组移出铁轨外侧5米以外,确实无法移出时应设法通知两端车站,并在两端800米外设红色信号(红旗或红灯)。

(6)严禁超速行驶(大中拖限速30千米/小时,小拖限速15千米/小时,农用运输车限速50千米/小时)。严禁上下坡途中换挡,下坡空挡滑行和紧急制动。坡路上不准停车和调头,必须停车时应锁紧刹车、挂上低速挡,用三角木塞住前后轮并派人监护。

(7)在山区道路、冰雪道路或雾天严禁高速行驶、急转弯、急刹车,同方向行驶时前后两车车距不小于50米。

(8)拖拉机挡泥板、牵引架、悬挂机构等部位严禁乘人,挂车上装卸工人数不得超过规定。

(9)进出油库、场院,装运易燃品时发动机要安装灭火罩。运易燃品要随车携带消防器材,车组附近严禁明火。

260. 垛草机用途和类型有哪些?

(1)垛草机的用途。当牧草湿度下降到15%左右时则需要进行垛草。垛草是一项繁重体力劳动,如使用垛草机垛草,既可减轻劳务,又便于牧草的储存。

(2)垛草机的分类。垛草机可分为起重机式垛草机、通用升降式垛草机、液压推举式垛草机等。目前使用较多的只有液压推举式垛草机。

261. 草捆捡拾装载机(器)的使用方法有哪些?

(1)垂直输送式装载机操作要点。将装载机附装在拖拉机的拖车上,当机组在田间向前运动时,草捆被捡拾起来并提升到一定高度,在车上的1~2人用手来堆垛草捆装车。这种方法适用于面积不大、小规模的牧场。

(2)液压机械式草捆抛掷器操作要点。液压机械式草捆抛掷器能将草捆从压捆机上直接扔到拖拉机后挂的拖车中或农用车的车厢内。抛扔的距离可由驾驶员在座位上加以调节,以便不用人力而将草捆无规则地装满车厢。草捆抛掷器的一种常见形式是具有两层向上倾斜的平输送带。它们以很大速度相反连续运转,当草捆接触到皮带的上面和下面时便被推扔到车厢内。有些草捆抛掷器具有间歇动作的液压抛掷臂,当草捆接触到触发杆,抛掷臂开始动作,将草捆扔到拖车内。对大型圆草捆,一般使用前悬挂式(叉式或夹持式)装载机进行装运。草捆抛掷器适用于规模较大的牧场。

八、排灌机械

262. 农用水泵的类型及特点有哪些？

水泵的类型很多，与排灌系统配用的水泵主要是离心泵、混流泵和轴流泵。这三类水泵在结构上的共同特点是：其主要工作部件叶轮都具有若干叶片，因此，这三类泵又统称为叶片泵。在性能上，这三类泵的主要特点和区别是，离心泵的流量小，扬程高；轴流泵相反，流量较大，扬程较低；混流泵介于两者之间。在北方地区，还广泛地使用井泵、潜水泵等抽取地下水灌溉农田。在有着丰富水力资源的南方丘陵山区，常利用水轮泵提水灌溉。

263. 离心泵的种类有哪些？

离心泵的种类很多，常按以下方法进行分类。

按叶轮进水方式分为单吸泵和双吸泵。单吸泵叶轮只一侧有进水口，水从单侧进入叶轮；双吸泵叶轮两侧均有进水口，水从叶轮的两侧同时吸入，按叶轮数目分有单级泵和多级泵。单级泵，泵内只有一个叶轮；多级泵，泵内装有两个或两个以上叶轮。按泵轴位置则分为立式泵和卧式泵。立式泵的泵轴与地面垂直，占地面积较小，叶轮一般浸入水中，启动前不需要灌充引水，但工程造价较高。卧式泵的泵轴与地面平行，启动前需要向水泵和进水管内灌满引水。

264. 离心泵的吸水高度是多少？

离心泵是靠大气压与泵内压力差吸水的，所以，任何水泵的吸水高度都小于10米；而且进水管和水泵必须严格密封，不得有漏气和积聚空气现象,否则,水泵将无法吸水。离心泵在启动前必须将泵及进水管内灌满水。

265.自吸离心泵使用注意事项有哪些?

(1)自吸离心泵在第一次启动前或经搬动或较长时间停放后使用,必须向泵内灌少量引水,否则不能自吸。工作中若发现自吸困难,首先应检查泵内存水是否足够。

(2)自吸离心泵的自吸过程与实际吸水扬程、水管内径、水管长度等有关。启动后不像普通离心泵一样立刻上水,自吸过程一般为2~3分钟。若自吸时间过长,则应停机检查,以免轴封装置过热。

(3)自吸离心泵的进水管不应安装底阀,以免增大吸水损失扬程,增加动力消耗。若因使用时间过长,不能自吸,短期内又无法修复时,亦可安装底阀,临时作为普通离心泵使用。

(4)经常检查水泵轴封装置和进水管的密封情况,以防漏气。

266.农用水泵的管路和附件有哪些?

管路及附件是排灌机械的重要组成部分,正确选择和配套使用管路及附件,对降低排灌机械地投资、提高运行效率都有着重要的意义。排灌机械的管路及附件主要包括进水管、出水管、弯头、变径接管、底阀、闸阀、逆止阀以及真空表、压力表等部分。小型排灌机械可根据需要只装其中一部分附件。

267.水泵怎样选型?

生产实际中根据所需要的流量和扬程进行水泵选型。

(1)水泵流量的确定。对于灌溉用泵,其流量的大小取决于灌溉面积和作物的耗水量等因素,并与水泵每天工作时间有密切关系,可按下式计算:

$$Q=m\times A\div(T\times t\times \eta)\text{(立方米/小时)}$$

式中：Q——所选取泵的流量（立方米/小时）；

A——灌溉面积（平方米），（1亩=666.7平方米）；

T——轮灌天数，即灌1次水能维持的天数；

t——水泵每天计划工作的时间，与动力机类型有关。电动机每天最多工作22小时，内燃机按20小时/天计算；

m——每亩1次最大灌水量（立方米/亩），当以灌水深度表示时，按相关换算关系换算；

η——渠道有效利用系数，一般在0.7~0.9范围内选取。

（2）水泵扬程的确定。应根据水源水位的高低与所需的实际扬水高度，测出实际扬程，并根据地形、管路布置估算损失扬程，两项之和即为水泵的总扬程。

①实际扬程的确定可用仪器测得，也可用简易方法测量，或从当地有关部门的地形图中查获。

②损失扬程应通过计算确定。

（3）水泵的选型。流量扬程确定后即可利用水泵性能表，或直接到水泵经销部门选择符合或接近实际要求的水泵。若有多种型号泵符合要求，则应比较选择效率高、允许吸上真空度高的水泵。若流量要求较大，扬程要求较高，一台水泵不足以满足使用要求时，可选用两台、三台同型号水泵，使之并联或串联运行，满足流量、扬程要求。

268.水泵如何合理配套？

（1）动力机的配套包括动力机类型、功率、转速和传动方式四个方面。

①动力类型的选配。与水泵配套的动力机主要有电动机和柴油机，可根据具体情况选择。电动机具有结构简单，运行可靠，操作、维护、运行管理方便，可以与水泵直接传动的优点，但受电源线路约束，

且变速困难。柴油机易于变速,移动方便。

②动力机功率的确定。动力机功率即配套功率,一般水泵在铭牌或性能表上已标出。

③动力机与水泵转速的配套:水泵的转速对其流量、扬程和功率消耗都有至关重要的影响,因此要求动力机在额定转速下运行时,水泵也应达到额定转速。若水泵转速过高或过低,均不能保证水泵正常工作。

④传动方式的选择。若动力机额定转速与水泵的额定转速相符,且采用电动机为水泵动力,可采用联轴器直接传动,此时传动效率最高。当以柴油机作动力,或动力机与水泵转速不相匹配时,则应考虑采用皮带传动或齿轮减速器传动,通过换装不同直径的皮带轮或齿轮,实现转速配套。转速与皮带轮直径的关系由下式确定:

$$n_{动} / N_{泵} \times \eta = D_{泵} / D_{动}$$

式中:$n_{动}$——动力机转速;

$N_{泵}$——水泵转速;

η——传动效率;

$D_{泵}$——水泵皮带直径;

$D_{动}$——动力机皮带轮直径。

皮带的转动效率η,一般在0.90~0.95。

(2)管路及附件的选择。水管直径直接影响水泵的损失扬程。管径越小,损失扬程越大。为减少损失扬程,又节省投资,一般经水管直径比水泵进水直径大1~2英寸即25~50毫米,出水管直径可等于或大于水泵出水口直径。扬程较高且固定安装的排灌站可选用铸铁管或钢管。流动抽水选用橡胶或工程塑料管。

附件的选择,既要保证水泵安全运行,又要尽量减少管路损失。

如高扬程泵,出水管应设逆止阀,离心泵必须安装底阀(自吸离心泵除外),大口径离心泵或采用真空引水的水泵,在出水管路必须安装闸阀。无论是进水管还是出水管都应尽可能减少弯头,尽量缩短管路长度。

269.水泵启动前须做哪些准备工作?

(1)检查各部分连接螺母、螺栓有无松动或脱落。

(2)转动联轴器或皮带轮,检查叶轮旋转是否灵活,泵内有无不正常声音,判断转向是否正确。

(3)检查填料松紧是否合适,润滑油(脂)数量是否足够、质量是否完好。

(4)向泵内灌满引水或用真空泵抽气引水。

270.水泵运行中的注意事项有哪些?

(1)对于装有监测仪器仪表(如真空表、压力表、电流表、电压表)的水泵,检查各仪表工作是否正常。

(2)检查水泵机组是否有不正常的响声和振动,检查机组温度是否正常。

(3)检查轴封装置工作是否正常。若是填料密封,发现过紧(轴封处过热)或过松(轴封处漏水严重,甚至不上水),应及时调整。

(4)注意水源水位变化和水泵出水情况。若水源水位下降过多,吸进空气,或因吸程过高引起水泵汽蚀时,应及时停机,待水位回升,或采取其他措施。若出水量突然减小,多是底阀或是泵内被杂物堵塞所致,必须及时排除。

271.水泵启动后不出水或出水量不足的故障原因及排除方法?

(1)启动前泵及进水管内未灌水或泵内存有空气;重新灌水、排气。

(2)管路接头、轴封漏气,进水管安装不当;紧固调整,重装进水管。

(3)水泵转向不对或转速过低;调整水泵旋向及转速。

(4)吸水扬程过高;降低吸水扬程。

(5)总扬程过高;换用高扬程水泵。

(6)底阀淹没深度不够,开机后吸入空气;增大底阀淹没深度。

272.水泵运行中,出水量下降的故障原因及排除方法?

(1)进水滤网或叶轮槽道部分堵塞;停机后清除堵塞物。

(2)填料磨损、松动,水封环堵塞,泵内进气;更换、调整填料松紧度。

(3)水源水位下降,吸程增加,水泵汽蚀;待水位回升或其他措施。

(4)动力机转速过低;提高动力机转速。

(5)水泵转速过低;重新匹配皮带轮。

273.水泵运行中有强烈的振动和噪声的故障原因及排除方法?

(1)地脚螺钉松动;紧固地脚螺钉。

(2)管路支撑不牢固;加固管路支撑。

(3)轴承损坏;更换轴承。

(4)泵轴弯曲;校正或更换泵轴。

(5)动力机、水泵联轴器不同轴;调整联轴器同轴度。

(6)实际吸水扬程过高引起水泵产生汽蚀;降低水泵安装高度。

(7)实际使用扬程过低使水泵产生汽蚀;换用低扬程水泵。

(8)叶轮槽道局部堵塞或磨损;清除堵塞物或更换叶轮。

274.什么是轻、小型便移式喷灌技术?

喷灌技术是利用机械把水加压后经管道输送到田间,从喷头将水喷射到农作物植株和地面上的新型节水灌溉技术。该技术对土质、地形、作物、种植方式无特殊要求,有效控制区(以喷头为圆心,有效射程为半径而形成的闭合灌水圆面)内灌水量基本一致,并避免因地面凹凸不平出现的低洼处积水而高处无水的现象。喷灌技术在农业生产中应用比较广泛,所使用的机械设备型号种类较多,人们习惯分为轻小型便移式喷灌技术、固定式(半固定式)喷灌技术、大型可移式喷灌技术,后两种喷灌技术因其投资大、工程设计要求标准高、适宜规模经营的农业生产单位,我国目前在国有农牧场、自流灌区等地方应用。最常用的是轻小型便移式喷灌技术,所选用的机械设备均能用人工搬移全部或大部分,选用的抽水加压动力设备多为便于人工移动的手推式或担架式,输水管件和喷洒装置采用快速拆装式,因而实现在喷头分组定点喷灌作业完成一小区后可快速方便地搬移到下一小区继续喷灌作业,目前常用的有管道式和机组式两种类型。

275.喷灌的特点有哪些?

与传统的灌溉方式相比,喷灌具有省水、省工、省地(不需灌水渠道)、保土(不形成径流,避免水土流失)、可改变田间小气候(降温增湿)、不受地形限制、容易实现灌溉自动化控制、有利于增产增收。果园、蔬菜、草坪、经济作物等,不宜沟灌、畦灌、自流灌溉、浸水灌溉的作物及缺水地区,采用喷灌是一种科学、节能省水灌溉措施。但喷灌系统一次投资大,喷灌质量受风力影响大。

276.喷灌系统由哪些组成部分?

喷灌系统通常由水源工程、首部装置、输配水管道系统和喷头等部分组成。

277.喷灌系统的分类?

按其主要组成部分能否移动,分为固定式、移动式和半移动式三类。

固定式喷灌系统：除喷头外，所有各组成部分都是固定不动的，动力机和水泵组成固定的泵站。半固定式喷灌系统：半固定式喷灌系统的动力机、水泵和干管固定不动，但支管铺于田间，可以移动、搬迁，干管每隔一定距离设置给水栓，向支管供水。

移动式喷灌系统：这种喷灌系统仅在田间布置供水点，其动力机、水泵、输水管路和喷头均可搬迁，可在不同地块沿田间供水点移动作业，机动灵活、使用方便，投资少。

278. 喷头的种类有哪些？

喷头是喷灌系统的主要工作部件，种类很多。按其工作压力和喷射距离分有微压、低压（近射程）、中压（中射程）和高压（远射程）。按结构型式和水流喷洒特征，喷头可分为旋转式、固定式和孔管式三种。

279. 什么是喷灌机？

在喷灌系统中，若将动力机、水泵、输水管路和喷头安装成一个可移动的整体，则称为喷灌机。它可以装于担架上、小车上、农用车上、大棚横梁上或悬挂于拖拉机后面。

280. 定喷式喷灌机的类型和特点有哪些？

（1）手推（抬）式喷灌机。其特点是水泵和动力机安装在一个特制的机架上，动力机一般采用小功率电动机和柴油机，水泵、管路、喷头大多采用快速接头连接，可在田间整体搬移。

（2）拖拉机悬挂式喷灌机。将喷灌泵安装在拖拉机（或农用运输车）上，利用拖拉机的动力，通过皮带（或其他）传动装置带动喷灌泵工作的一种喷灌机组。动力机（拖拉机或农用运输车）与喷灌机常采用水泵后置式喷灌机、水泵前置式喷灌机两种典型配置。

（3）滚移式喷灌机。滚移式喷灌机具主要由水泵、输水管道、喷水管道和行走部分组成,具有结构简单,便于操作,沿着耕作方向作业,与排水、林带结合较好,对不同水源条件都适用,爬坡能力较强,一机多用等优点。

281.行喷式喷灌机的类型和特点有哪些?

(1)卷盘式喷灌机。该机又称为绞盘式或卷筒式喷灌机,其输水管采用PE软管,在喷洒作业时利用喷灌压力水驱动卷盘、带动旋转底盘、牵引远射程喷头(或由拖拉机牵引)沿管(线)自行移动、喷洒的喷灌机械。

(2)电力驱动中心支轴式全自动喷灌机。该机又称时针式或圆形喷灌机,其喷水管为竹节状的薄壁金属软管,高架在若干个等间距的塔车上,塔架一端与固定中心支轴座活动连接,整个塔架、喷管、喷头可绕中心支轴按预先设定的速度在灌区内旋转,实施喷灌。中心控制箱负责控制供水,塔车控制箱则用以调控塔的行走。

中心支轴式喷灌机属多单元组装式多支点结构,由腹架与塔车组成一个单元跨架,根据灌区面积、喷灌距离所需要的长度,将多个单元跨架连接,与中心支轴座组成整机。主要由中支轴座、跨架(包括腹架与塔架)、末端悬臂以及驱动、调速、同步、安全保护、喷洒等组成。

282.中心支轴式和平移式喷灌机的使用注意事项有哪些?

(1)中心支轴式和平移式喷灌机的使用除按上述的一般注意事项外,还应注意以下几点:

①各塔架同步装置的传感部件动作应灵敏、挠性接头连接应牢固、可靠。

②百分率计时器和过水量保护继电器按计划灌水定额进行调整。

③定期检查塔架的手动开关闭合情况，其自动控制盒内的交流接触器触点及微动开关触点应无严重灼痕。

④各塔架车驱动电动机转动方向应一致。

⑤塔架车传动轴连接应牢固可靠，并有防护装置。

⑥中心支轴式喷灌机行走轮的同步角应调整正确，平移式喷灌机导向触杆及微动开关动作应灵敏可靠、导向钢索绷紧、牢固，埋设在地头的停车桩应完整无损。

⑦停车或自动返回的控制装置按预定的灌溉面积调整。

(2)运行时各塔架车必须基本保持在一条直线上前进。

(3)运行时桁架泄水阀必须密封可靠、停止作业时应能自动泄水，末端悬臂泄水阀应启闭灵活。

(4)作业开始前应先喷水，后行走；作业结束时应先停止喷水，继续前进10~20米。

(5)拖移时应有专人指挥，喷灌机应停放在拖移路线上，行走轮应调整成拖移状态，牵引钢丝绳必须按规定要求连接、调整和紧固，拖移速度不得超过3千米/小时。

(6)越冬或长期停放期间，应给轮胎充气；对喷头、主要电气设备等部件进行保养。

(7)气温低于4摄氏度时，严禁喷灌作业。

283.绞盘式喷灌机的使用注意事项有哪些？

(1)运行前应将绞盘车底架调整为水平状态，并与地锚紧，绞盘由拖移位置转换为工作位置后应固定。

(2)使用时应留有喷头车通行道，单喷头绞盘式喷灌机应进行扇形喷洒。

(3)铺放输水管时，剩余在绞盘上的管道不得少于一圈，喷头车应直线拖移，其速度不得超过3千米/小时。

（4）绞盘自动驱动系统的工作必须安全、可靠。

（5）运行时不得对喷灌机进行除速度调整以外的其他调整和保养，喷头车行走速度应按计划灌水定额进行调整。

（6）整机拖移时，绞盘车及喷头车必须调整到规定位置固定、锁紧；在田间和道路上的拖移速度分别不得超过5千米/小时和10千米/小时。

（7）喷灌机长时间不工作时，应入库保管，并将车轴支起，轮胎垫离地面。

284.滚移式喷灌机的使用注意事项有哪些？

（1）喷洒时，喷水管（空心轮轴）应与供水管道垂直；喷头应朝上，喷头竖管应保持在铅垂方向。

（2）行走离合器弹簧预紧力应调整正确。

（3）作业点喷洒完毕，应先脱开连接软管，排净喷水管内的余水。

（4）当喷灌机滚移时，应避免喷水管过度弯曲，以免断裂。

（5）当作物株高超过滚轮半径时，不宜再采用滚移式喷灌机。

285.轻、小型喷灌机和微灌机的使用注意事项有哪些？

（1）水泵与动力机采用联轴器传动时，两联轴器的轴线必须在一条直线上；联轴器间应有不小于泵轴与动力机轴窜动量之和的间隙，口径不大于300毫米的水泵，其值可选为2~4毫米。采用三角皮带传动时，两轮的皮带槽应对正；皮带的规格和新旧程度应一致，松紧应适度，并不得减少根数。

（2）采用皮带传动时，不得在其传动装置无安全罩的情况下运行。

（3）每次作业完毕，应对各部件进行保养，检查连接紧固情况。微灌机还应注意检查过滤器和灌水器有无堵塞或损毁现象。

(4)机组存放时,应卸下传动皮带,排列整齐,安置平稳;轮胎或机架应支离地面。

(5)同一台机组的零部件应存放在一起,以便下次启用。

286.应用喷灌技术进行作业时要注意些什么?

(1)在使用中尽量避免在二级以上风力情况下开机作业,减少水滴受风吹后飘移而造成喷灌不均匀或水的浪费。天气炎热时,喷灌作业开机宜错开太阳直射的中下午,避免高温和直射的阳光对喷灌带来的蒸腾损失。喷灌作业应安排于夜间和早晚进行。

(2)喷灌作业前要检查管道有无堵塞物,发现堵塞及时清除;喷灌作业时注意检查各连接处和管道有无漏水处,发现漏水时,应停机检修或更换管件;喷灌中发现喷头停摆时,要迅速排除影响喷头摇摆的故障。

(3)根据田块单位面积灌溉补水量确定喷灌时长。

287.什么是行走式节水灌溉技术?

针对北方春夏作物播种季节经常出现的干旱少雨致使土壤墒情不好而威胁作物正常播种的问题,结合农村现有拖拉机数量较多的实际,借鉴农民在播种时用人工挑水并在种子坑里先浇灌少量的水而后下种所形成的传统坐水种技术,以拖拉机为动力,随机挂装有关的机具,使坐水种和保苗浇水实现机械化作业,一次可完成开沟、注水、施肥、播种、覆土乃至地膜覆盖等多项作业的功能。播种发芽后仍要抗旱护苗时,可变更注水播种部件为喷淋灌水部件,用拖拉机在田间作物种植行进行浇灌,使幼苗免遭干旱之害,是一项工效高、抗旱作用明显的节水型种苗增墒机械化新技术。

288.自走式节水喷淋灌溉机的结构及性能?

该机以四轮拖拉机作动力,拖拉机前后悬架上安装上盛水装置

（如废旧汽油桶改制、利用、专用塑胶水袋等），盛水量0.6~1立方米，水通过拖拉机前后安装的多个淋洒器进行喷淋灌水，每加水一次可淋灌200~400米长的距离，可保证0.1公顷左右的田地抗旱播种和保护幼苗的移动灌溉。

289.旱地播施保苗多用机的结构及性能？

以四轮拖拉机作动力，后轮挡泥板上各装水箱一个，盛水约0.5立方米，拖拉机后加装喷洒水机构，随机配有可完成浇水、条（穴）播种、施肥、铺膜、植保等作业功能的部件供选用。作业时在开种沟（穴）后注入少量水浸润土壤，随即播种于湿土上，作业效率约为0.5公顷／小时。

290.坐水播种覆膜机的结构及性能？

以四轮拖拉机为动力，该机由浇水、播种、施肥、覆膜等部件组成，随机配有0.5~0.6立方米的水箱，进行作业时，可一次完成开沟注水、施肥播种、覆膜保墒等工序，每小时可作业0.15~0.3公顷。

291.应用行走式节水灌溉技术的注意事项有哪些？

（1）合理调整浇水量。可根据土壤缺墒情况和播后抗旱天数确定注水量的多少。如需抗旱30天左右，每个种坑注水约2~2.5千克，并在播种后立即覆土盖种。

（2）解决好水源和作业过程中水、肥、种的添加衔接，若水源离作业田块距离较远又无管道或渠系，可进行输水供水时，应配备专门拉运水的车辆。若拉运水车辆往返于水源和作业田块所用的时间比行走式节水灌溉机具单次作业时间少，配备一辆即可，否则配两辆，以保证田间机具的连续作业。同时，田间作业机具的加水与加种、加肥要同步，即在加水的同时添加种子和肥料，避免水、肥、种的添加不衔接而造成作业过程中经常停机。

(3)实际作业前,要注意检查各喷洒器的出流量是否均匀一致,避免水量忽大忽小、时有时无或有的出水有的无水,发现问题立即排除,作业中要随时进行观察,有问题及时解决,确保作业质量。

292.微灌的种类有哪些?

微灌按所用灌水器的结构及出流方式不同分为滴灌、微喷灌、小管出流灌、渗灌和脉冲式微灌等多种形式。

293.微灌系统由哪些部分组成?

微灌系统由水源、首部枢纽、输配水管网和灌水器以及流量、压力控制部件和量测仪表等组成。

294.微灌的首部枢纽由哪些部分组成?

包括水泵、动力机、肥料和化学药品注入设备、过滤设备、控制阀、进排气阀、压力及流量测仪表等。其作用是:将水源水增压、处理后配送到微灌系统。微灌常用的水泵有潜水泵、深井泵、离心泵等。动力机可以是柴油机、电动机等。与微灌配用较多的是沙砾式过滤器。肥料和化学药品注入设备设在过滤设备之前,在进行微喷灌的同时,完成肥料、除草剂、杀虫剂的施撒。流量及压力量测仪表用于测量管线中的流量或压力,根据压力差变化,判断微灌系统的工作情况。

295.微灌系统的灌水器有哪几种?

微灌灌水器有脉冲灌水器、渗灌灌水器和滴灌灌水器。脉冲灌水器包括脉冲器总成和脉冲式喷水器两大部分。渗灌灌水器是渗灌管,以与作物吸收相平衡的速度缓慢渗出并直接作用到作物根系的系统。滴灌灌水器即滴头,其作用是使水流经过微小的孔道,形成能量损失,减少其压力,使水以点的方式灌入作物根系的土壤中。滴灌灌水器的种类较多,较为成熟的滴灌灌水器有微管滴头、内螺纹管滴头，利用狭长细小的流道来削减水流压力，使出水口处压力近于零，水在自重作用下成滴状滴出；孔口滴头或管嘴，则是利用小管喷（小孔出流）使水流压力消散，或在出口处做成一涡流室，增加消能效果。压力补偿滴头是利用水流压力对滴头内弹性体的作用，使流道（或孔口）形状改变或过水断面面积发生变化，即当压力减小时，增大过水断面面积，压力增大时，减小过水断面面积，从而使满头流量自动保持在一个变化幅度很小的范围内，同时还具有自清洗功能。线源滴头或透水毛管双壁毛管，在其管壁上的许多小孔中渗出，利用小孔消散压力。

296.喷（微）灌使用的一般注意事项有哪些？

（1）喷灌与微灌机应按产品说明书规定进行安装、使用、保养和维修，新的或经过大修后的喷灌与微灌机，使用前还应进行试运转。

（2）灌溉季节前，应对喷（微）灌系统进行试喷，并重点检查。

①结构部件无变形、变位，螺栓连接紧固，铆、焊部位是否牢固。

②电器部件的接线牢固、安全，接地是否良好，熔体规格是否符合要求，仪表显示正位，电线、电缆线有无破损。

③转动部件是否运转自如，操作柄杆和按钮工作是否可靠、灵活。

④润滑部位按规定加注润滑油。

⑤动力机和水泵技术状态是否良好。

⑥灌水器安装是否正确、牢固。

⑦管道是否通畅，有无漏水现象。

⑧控制闸阀启闭是否灵活、安全保护设备动作是否可靠。

⑨地埋管道的阀门井中有无积水，管道的裸露部分是否完整无损。

⑩量测仪表盘面是否清晰,显示是否正常。

(3)运行中的注意事项及维护保养

①灌溉时,如发现管道漏水、控制阀门或安全保护设备失灵,应及时停水检修;若量测仪表显示失准,应及时校正或更换。

②施用液肥、化学制剂时应充分搅拌、过滤;施用液肥、化学制剂后应对管道进行清洗。

③作业完毕应排除管内余水,以电动机为动力的应切断电源。

④灌溉季节后,应对管道进行维修和保养,内容应包括冲净泥沙、排放余水;保养安全保护设备和量测仪表;阀门、启闭机构涂油、阀门井加盖,地埋管与地面可拆卸部分的接口处加盖或妥善包扎,地面金属管道表面定期进行防锈处理;寒冷地区还应对阀门井、干支管接头处及地埋管与地面管道接口处采取防冻措施;按维护保养规范保养动力机具等。

九、畜牧机械

297.什么是畜牧机械？主要有哪些种类？

畜牧机械是指专门或主要用于现代畜牧业生产全过程，即从饲料生产、畜禽饲养到畜产品采集、收获和初加工中的各种机械设备。按其功能与用途，畜牧机械大体可分为草原建设保护机械、牧草种子收获和加工机械、牧草和青饲收获机械、饲料加工机械、畜禽饲养机械、畜产品采集加工机械和畜牧业专用运输机械等七类。

298.饲草料加工机械的分类？

饲草料加工机械的种类按饲料种类、加工方法和成品要求不同可分为青贮饲料加工机械和配合饲料加工机械设备两大类。

（1）青饲料加工机械主要包括：铡草机、青饲料切碎机（又称切菜机）和青饲料打浆机等。

（2）配合饲料加工机械设备主要包括：原料仓、各种输送设备、原料清杂用的筛选设备、物料粉碎用的饲料粉碎机、计量配料用的饲料计量器、饲料混合机、颗粒饲料压制机、膨化颗粒饲料机、冷却器或干燥设备和包装设备等。

299.青饲料切碎机的使用方法有哪些？

（1）开机前的准备：检查机器各部位的螺栓是否拧紧。如固定切刀的螺栓松动，一定要拧紧，以免机器在运转过程中因螺栓松脱而损坏机件，或发生其他事故。检查各轴承中的润滑油是否充足，不足时必须加足。切忌轴承在没有润滑油的情况下工作，否则将磨损轴承，甚至损坏主轴，且机器运转阻力大。调整传动皮带的松紧度。带传动太松，加工效率不高；带传动太紧，易把皮带拉断或把轴颈拉弯。皮带在调整时，用手指往下压，下垂20毫米左右为宜，调整定、动刀片之间间隙。按加工饲料碎细大小或切断的长度，按规定调整好定、动刀片之间的间隙。

（2）开机操作要点：检查机器各部件技术状态处于良好情况下，才能开机操作。起动机器后，先空转3~5分钟，待机器运转正常后，再从入料口加进青饲原料。操作过程中要均匀加料，不可一次加入过多，以免在机内被堵塞，使机器不能运转，或超负荷运转烧坏电动机，也不可加得太少，使电动机半负荷工作，降低生产量，浪费电能。作业中若机器发生堵塞，应停机排除，切勿在开机时将手伸入机内。在停机前2~3分钟，要停止喂料，使机内的饲料完全排出。

300. 青饲料切碎机的维护保养注意事项有哪些？

（1）开机前，检查机器各部连接情况，特别是工作部件有螺栓松动时必须紧固。

（2）作业中，要经常检查工作部件，如切刀、轴销等磨损和损坏情况，损坏严重必须停机更换。切刀片更换时，要注意机器的运转平衡，更换时新旧各刀片的规格大小要一致，否则机器运转会产生严重的摆动或振动而发生事故。

（3）停机后，用水将机器冲洗干净，以免残留在机内的饲料腐烂变质，腐蚀机器生锈。

（4）季后长期不用，应在切刀、轴销、各螺栓上、内表面涂上防锈机油，以免机内生锈。卸下传动皮带，将机器放置在干燥室内保存。

301. 青饲料切碎机的安全使用要求有哪些？

使用时必须遵守安全规则，严格按以下规定进行操作。

(1)开机前对机器进行调整和保养,尤其注意动、定刀片的间隙,传动皮带的松紧度,各润滑部位的保养;检查各紧固件是否拧紧,刀轮转向是否与规定的转向一致,上机壳是否锁紧。

(2)应根据切碎机的铭牌规定选用电动机,不能随意使用电动机或柴油机,不能随意提高主轴转速,主轴转速的改变就是改变了刀轮的线速度,线速度过低影响切碎质量及生产能力,过高了机器振动加大,冲击力大,对刀轮的静平衡,内部缺陷要求更加严格,极易发生事故,危及您和他人的安全。工作时不能随意拆掉各部件的防护罩,尤其不能拆卸喂入口的防护罩。

(3)更换动、定刀片的紧固件时不得用普通紧固件代替。

(4)作业时如发生异常声响立即停机检查,严禁在机器运转时排除故障。

(5)未满16岁的青少年和未掌握切碎机使用规则的人不准单独作业。

(6)严禁操作人员酒后、带病或过度疲劳时开机作业。

(7)切碎机的工作场地应宽敞,并备有可靠的防火设备。

302. 青饲料打浆机的用途和分类?

青饲料打浆机的用途是将青饲料加工成糊状或浆状,有利于家畜吸收消化,主要用于养猪。常用青饲料打浆机有加水式打浆机和干式打浆机两种类型。

303. 青饲料打浆机的维护保养注意事项有哪些?

(1)作业前,检查机器各部的连接情况,如有松动应紧固,要清洗待加工的块状饲料表面泥沙,剔除秆状饲料中的枝条、石块和铁钉。

(2)作业中,如加工的块状饲料大小不均、秆状饲料长短不一或打不成浆,应停机查找原因,排除故障后再继续作业。

(3)作业后,应清洗机内外污物,并给电动机、转子等润滑点加注润滑脂或润滑油。

(4)季后不用时,停放时间长,应被产品说明书规定进行全面保养,在刀片上涂机油防锈,对机架脱漆部位喷涂同色漆防锈,然后放置在通风干燥处保存。

304.铡草机的使用方法有哪些?

(1)安装。可用地脚螺栓紧固机架脚底部,也可将机器放在平整的地面上,机架脚部用较重的石块压牢,即可进行作业。该机的喂入斗是活动安装的,在运输时可以摘掉,作业时将喂入斗支架卡在卡钩上,并把防护罩装好,接好电源。

(2)调整。该机切割间隙大小,以不碰定刀片与动刀片刃口为原则。一般切粗硬干饲料(如青玉米秸秆)的间隙为0.3~0.5毫米;切割稻、麦秸秆的间隙为0.2毫米。动、定刀片之间的间隙调整主要是调整动刀片。在调整时,先将定刀片固紧,再将动刀片两端固定的螺栓稍拧松,然后调整螺钉,使动刀片向前移动到动、定刀片刃口间隙为0.2~0.3毫米,再拧紧螺母。在实际操作中,如有刀片不锋利而引发长草增多,则应磨锐刀刃;如有电动机皮带打滑、功率消耗大,则应调整皮带使其松紧度达到用手指压至下垂15~20毫米为宜。

(3)铡草机的操作要点。①开机前仔细检查各部紧固件是否松动,特别是动、定刀片必须紧固;如发现松动,应加以固牢,以防发生事故;②检查喂入斗及刀架室内有无工具及其他异物,如有,应清除;③检查主轴转动是否灵活,如有卡滞,应找出原因,及时排除;④检查符合要求后,开机运转几分钟,待机器正常运转后,即可投入作业;⑤操作人员要备有清理饲草的工具,将要加工的饲草里掺杂的石块、铁钉等杂物清理出来,否则进入机器内易损坏刀片或其他机件;⑥要有堆放饲草的场地和与喂入斗水平相接的工作面,以便堆放饲草和保证饲草连续喂入;⑦开机后,操作人员的手不准进入喂入室,喂入口发生堵草现象,不准用木棍、铁棍推堵塞的草,以防发生铡切手指或被木棍、铁棍打伤的事故;⑧机器作业发生故障,应拉开电闸停机后,再进行修理,排除故障不得在机器运转时进行。

305. 铡草机的维护保养注意事项有哪些?

(1)作业前要按规定对各部件进行检查调整,达到技术要求后再进行作业。

(2)动、定刀片应该经常保持刃口锋利,否则应拆卸下来,进行刃磨。

(3)每使用一个月,应将主轴两侧的轴承和喂入辊轴两侧的轴承拆下清洗干净,重新注入润滑脂,再安装使用。若其他旋转部位有注油孔,使用中应经常用油枪加注润滑脂。

(4)机器停用时,应擦除表面尘土及脏物。若停放露天时间较长,应用雨布盖好,以防机器生锈。若停放时间长或季后不用时,应对机器进行全面保养,并放置于通风干燥处保存。

306. 铡草机的常见故障及排除方法有哪些?

(1)上、下喂入辊饲草堵塞。故障原因:喂入量过大,下喂入辊与过桥间塞草或缠草。排除方法:停机后用手倒转主轴大带轮,堵草即可倒出,将喂入辊的缠草清除干净。

(2)铡切出的草节过长。故障原因:动、定刀片间隙大,动、定刀片刃口不锋利。排除方法:调整切碎间隙,使其间隙到规定值;刃磨刀片,保持刀片刃口锋利。

307. 饲料揉搓机如何安装?

(1)用螺栓将揉搓机和电动机牢固的安装在机座上,调整电动机的位置,保证电动机带轮槽和主机带轮槽对正并得到适度的皮带松紧度,将机座连同机器放在平整的水泥地面上。

(2)所有电器设备及线路连接必须安全可靠。

(3)安装后的机器各部运转灵活,经空运转无卡滞、碰撞现象,方可投入使用。

308.饲料揉搓机的操作要点有哪些?

(1)开机前,检查各部机件的连接情况,清除机内和待粉碎物料中的杂物和石块,然后启动机器,待机器运转正常后,方可正式作业。

(2)该机作业时,物料由人工放入喂料口,在高速旋转锤片的抓取以及气流作用下进入工作室,被锤片、齿板揉搓成散碎饲料,再被风扇抛出机体外。工作中,操作人员给喂物料时,应连续、均匀不断。如喂入过多出现堵塞或机器发出异常响声,应立即停机,排除故障。

(3)工作结束,应先切断电源,再擦拭机器和清扫现场。

309.饲草揉搓机怎样维护保养?

正确地对机器进行保养,可延长机器使用寿命。该机每工作30小时,两轴承加润滑油一次,工作300小时后应将轴承油污清洗干净,重新加注润滑脂,定期检查锤片磨损情况,一个棱角磨损应调换使用面,若4个棱角全部磨损则应更换,机器在露天作业,应设有防雨设施;季后长期不用时,应按规定对机器进行全面保养,放置于通风干燥的室内保存。

310.饲草揉搓机的常见故障及排除方法?

(1)生产率下降的故障原因有:锤片磨损严重、机器转速太低。排除方法:应换调锤片使用面,若磨损过度,应换新件;调整三角带的松紧度,保证机器的额定转速。

(2)轴承过热的故障原因有:轴承座内润滑脂太少、使用时间过长,主轴弯曲或转子不平衡,轴承损坏等。排除方法:向轴承加注或更换润滑脂。校正主轴、平衡转子,更换损坏的轴承。

(3)机器振动大的故障原因:机座不稳或固定螺栓松动;对应两组锤片质量差太大,锤片排列错误,个别锤片卡住没甩开;主轴弯曲变形和轴承损坏。排除方法:应将机座放置在平整地面上,并紧固螺栓;调整锤片保持质量平衡,按顺序排列锤片;保持锤片转动灵活;校正或更换主轴;更换损坏的轴承。

(4)电动机过热或无力的故障原因有:长期超负荷运转,电动机绕组短路,三相电动机只有两相运转而造成。排除方法:检修电动机,排除绕组短路,保持三相电正常运转,保持电动机在额定负荷下运行工作。

311.饲草揉搓机安全使用注意事项有哪些?

(1)揉搓机配线工作必须由有正式资格的电工进行。必须接地。进行调整检查时,切记切断电源。

(2)揉搓机和电动机安装在用角铁制成的机座上后,要检查皮带松紧度是否合适,电动机轴和揉搓机是否平衡。选定平整坚实的工作场地。安装好随机携带的皮带轮及三角胶带,不准随意拆掉各部位的防护装置。不要随便更换带轮,以防转速过高或过低。

(3)在使用前必须对机器进行全面检查和调整,保证各连接件紧固可靠,相对运转部位必须加注润滑油。接电运转前,先点动,无碰撞及异常声音后,开机空转10分钟,观察无异常后,方可进料正常使用。作业时如发生异常声响应立即停机检查,禁止在机器运转中排除故障。

(4)送料要均匀,以防堵塞闷车。不要长时间超负荷作业。若发现有杂音、轴承和机体温度过高等现象,应立即停机检修排除故障。

(5)仔细检查物料,以免金属、石块等硬物进入工作室造成事故。

(6)在喂入物料时,操作者应站在输送链侧面,以防机内反弹出来的杂物打伤脸部。手与喂料口要保持适当的距离,以防手臂被卷入,发生意外。喂入长茎秆时,手不可抓得太紧,以防手被带入机内,造成人身伤害。喂入物料要连续,均匀适量。严禁将铁、木等硬物喂入机内。

(7)机器在运转过程中,应停止一切保养,维护和调整工作,严禁打开上壳、皮带轮安全防护罩。人员严禁在出料口前方活动,以防异物抛出发生不安全事故。

(8)停机前,应停止送料,待机内物料排除干净后,工作人员再切断电源停机,进行清扫和对机器维护保养。

(9)作业时,工作人员不可离开岗位。要眼看、耳听、手摸机器(机体温)运转情况。非操作者应远离机器及电源。未满16岁的青少年及未掌握揉搓机使用规则的人,不准单独作业。严禁操作人员酒后、带病或过度疲劳时开机作业。

(10)机器季后长时间不用,应把皮带卸下。

312.饲料粉碎机的分类及特点?

农村目前常用的饲料粉碎机有锤片式饲料粉碎机和齿爪式饲料粉碎机两种类型,它们的基本结构相似,只是工作部件不同。

(1)锤片式饲料粉碎机具有结构简单、生产率高、适应性强、加工粗饲料效果好、使用维修方便等特点,在整个饲料加工粉碎机中的占有量在90%左右。但其动力消耗大,粉碎效率不高。

(2)齿爪式饲料粉碎机具有结构紧凑、体积小、质量轻、粉碎粒度较细的优点,适用于粉碎含纤维较少的精料,但其噪声较大,齿爪易损坏和磨损,对多纤维的干饲料适应性差。

313. 饲料粉碎机如何选择?

(1)根据粉碎原料选择。以粉碎谷物饲料为主的,可选择顶部进料的锤片式粉碎机;以粉碎糠麸谷麦类饲料为主的,可选择齿爪式粉碎机;要求通用的,如以粉碎谷物为主兼顾饼谷和秸秆,可选择切向进料锤片式粉碎机;粉碎贝壳等矿物饲料,可选用贝壳无筛式粉碎机;如用作预混合饲料前处理,要求产品粉碎颗粒很细又可根据需要进行调节的,应选择特种无筛式粉碎机。

(2)根据生产能力选择。一般粉碎机的说明书和机器的铭牌上都载有粉碎机的额定生产能力(千克/小时),但应注意,额定生产能力是指特定状态下的产量,如谷物类饲料粉碎机,指粉碎原料为玉米,其含水量为储存安全水分约13%,筛孔直径为1.2毫米。因为它是常用的最小筛孔,生产能力小,所以选择时应该考虑,选定机型的生产能力应略大于实际需要的生产能力,否则锤片磨损、风道漏风等引起粉碎机生产能力下降时,会影响饲料的连续生产供应。

(3)根据配套动力选择。机器说明书和铭牌上均载有粉碎机配套电动机的功率(千瓦数),不是一个固定数,而是一定的范围。粉碎原料品种不同时,所需动力有较大差异,如在同样工作条件下,粉碎高粱比粉碎玉米时的动力就要大1倍。当换用不同筛孔时,粉碎机的负荷加大。用户应根据需要选择配套动力机。

(4)根据排料方式选择。粉碎成品通过排料装置输出,一般有自重落料、负压吸送和机械输送三种形式。小型单机多采用自重落料方式;中型粉碎机大多带有负压吸送装置,优点是可以吸走成品中的水分,降低成品的湿度,有利于储存,提高粉碎效率10%~15%,降低粉碎室的扬尘度。

(5)根据粉尘与噪声选择。饲料加工中的粉尘和噪声主要来自粉碎机，选型时应对此两项环卫指标予以充分考虑。如果不得已选用了噪声和粉尘较高的粉碎机，应采取消声及防尘措施，以改善工作环境，有利于操作人员的身体健康。

314. 齿爪式饲料粉碎机的结构和工作过程？

(1)齿爪式饲料粉碎机主要由进料、粉碎和出料三部分组成。

(2)原料由盛料斗通过进料控制闸板，借自重进入粉碎室。粉碎室由定齿盘、动齿盘和筛子组成。原料在粉碎室中经高速旋转的动齿剪切，并打进动齿与定齿的工作间隙内，再抛向四周。在抛出的过程中，受到打击、碰撞及摩擦等作用，使颗粒逐渐粉碎成粉。同时，由高速旋转的动齿盘形成风压，把粉碎物通过筛孔吹出，较大的颗粒仍留在筛网内部继续打击，直到通过筛孔为止，加工成的粉料经过出粉管落入装料袋。

315. 饲料粉碎机如何调整？

(1)喂入量的调整。在盛料斗的下面有一块闸板或挡块，加工小麦、玉米等粮食时，可用调节闸板的大小来控制喂入量，使喂入流量均匀。如加工豆拼、薯藤等饲料时，为便于入料和粉碎，豆饼必须先粉碎成40毫米以内小块，薯藤要预先切成长10~15毫米的小段，均匀推送到盛料斗，以防粉碎机超负荷运行，影响粉碎质量。

(2)粉碎粒度的调整。粉碎机的粒度靠更换筛片来保证，使用时可根据所加工畜、禽、鱼、虾饲养对粒度的要求来更换不同规格筛网。装有风泵的粉碎机在调整粉碎粒度时，可用调节风的大小来控制，如成品太粗，可将风门开大，则由粉碎室进入的风量就小，可提高粉碎的细度。

316. 饲料粉碎机的使用注意事项有哪些？

(1)做好准备工作。机器开动后，操作者必须密切注视机器运转加工情况、不得离开工作岗位。

(2)待粉碎的原料应仔细清选,严禁石块、金属等杂物进入粉碎室。

(3)操作者应站在加料口一侧,忌站在粉碎机两头。戴上口罩和工作帽,衣服袖应扎紧,听到机器有不正常声音时应立即停机检查,排除故障。

(4)控制粉碎物的流量,使流量均匀,不要忽快忽慢。

(5)轴承润滑。在一般情况下,只要每隔2小时将油杯盖旋转1/4圈,将杯内润滑脂压入轴承内即够用。如机器工作时间长,轴承温度超过40摄氏度(有烫手感),则应找出原因,排除故障。

(6)每天工作结束,应清扫现场,擦拭机器,向传动机件加注润滑脂,并检查各部位螺钉有无松动,齿爪、锤片、筛子有无磨损等情况。

317. 饲料粉碎机各部件如何选配?

(1)动力机的选配。应根据粉碎机出厂铭牌所规定的功率大小来选配动力机。选用电动机或柴油机为动力机,其功率应等于或稍大于铭牌上所规定的数值,才能保证粉碎机的正常工作。

(2)动力机带轮的选配。粉碎机出厂时都配有带轮,因此,只要选配好动力机的带轮,就可以保证粉碎机的正常转速及工作。用柴油机或电动机直接带动粉碎机,其动力机带轮直径的计算公式如下:

动力机带轮直径(毫米)=粉碎机带轮直径(毫米)×粉碎机转速(转/分钟)/动力机转速(转/分钟)

(3)饲料粉碎机筛片的选配。应根据畜、禽、鱼、虾饲养对饲料粒度的不同要求和原料的不同,选用不同规格的筛片。如粉碎玉米时,供仔猪、肥育猪、肉用仔鸡前期及生长鸡的配合料,选用筛孔直径3毫米的筛子就可以了。根据饲料粒度要求选择相应筛孔的粉碎机筛片。安装环筛时，应注意根据转子的旋转方向来选择筛网接头处的搭接方式，以防饲料在搭接处卡住。安装筛片时，筛孔带毛刺的一面朝里，光滑的一面朝外，便于出料，同时筛片和筛架要贴合紧密，防止漏料。

(4)饲料粉碎机锤片的选配。锤片一般用20钢制成。热处理淬火区硬度达到56~62洛氏硬度，非淬火区硬度为28洛氏硬度左右。选用热处理淬火后的锤片粉碎玉米时，寿命可长达200~400小时。有些用户使用里外一样硬的自制锤片，会加速销轴的磨损，缩短使用寿命。锤片磨损后，生产率下降，电耗上升，所以要及时更换。一副锤片有四只角，可反复更换使用四次。如四只角都已磨损则要用新件，操作时，一定要按照原来的排列顺序，不能打乱，以免影响转子的平衡，降低粉碎能力。

318. 饲料粉碎机粉碎齿及锤片如何维修?

每班工作结束后，应清除机器内外污杂物，检查各部磨损和润滑情况，必要时，进行修理或加注润滑脂。据测试，在正常情况下，齿爪式粉碎机的扁齿约粉碎物料150吨、圆齿约粉碎物料250吨、大小固定齿盘约粉碎物料250吨就需要更换。原料中夹有碎金属或石块也会造成损坏。维修方法是更换损坏的零件，清选干净原料。换齿时，可用专用工具拆卸器先将圆盘拉出(因固定扁齿和圆齿的螺母都在圆盘的背面)，再拆下磨损需更换的固定扁齿的圆齿。为了保持转子的平衡，换齿时最好成套地更换扁齿和圆齿。单个扁齿的质量差应不大于1.5克，圆齿的质量也应适当控制。换齿时，一定要加弹簧垫圈，再将螺母拧紧。

锤片式饲料粉碎机的锤片可根据棱角磨损的情况调换使用四次，因为每个锤片有四个棱角，四个棱角都磨圆了应换用新件。为保证转子的平衡,换用新锤片时应全部更换,每组锤片中单个质量差不得超过5克。

319.饲料粉碎机的筛片怎样维修?

筛子的正常使用寿命与经常加工原料品种有关,当部分损坏时,可采用铆补方法修复;若磨损严重或全部损坏,需换用新件。

320.饲料粉碎机的轴承怎样维修?

粉碎机多采用圆锥滚子轴承。现以齿爪式粉碎机为例,说明轴承的拆卸和安装步骤。粉碎机的轴承上装有盖式油杯,在一般情况下,只要每隔2小时将油盖旋转1/4圈,将杯内润滑脂压入轴承内已经够用。经长期使用,轴承磨损、损坏,应拆下换用新件。

(1)轴承拆卸步骤

①用月牙扳手拧下圆螺母,拆下带轮旁的钢丝挡圈。

②用专用拆卸工具拆下动齿盘及带轮,拧下内、外端盖的螺钉,取下内、外端盖。

③取出主轴及轴承外圈,从主轴上拆下轴承内圈、油封及防尘圈,清洗废润滑脂,清洗轴承座。

(2)轴承安装步骤

①将油封安装在主轴上,并加注适量的润滑脂。

②将新轴承放在90摄氏度左右的机油中加热,待其膨胀后装在轴上,把防尘圈装在主轴上。

③将左侧轴承的外圈装入机体,并用内端盖压紧,穿入主轴,装上右侧轴承的外圈,用外端盖压紧,并用纸垫调整轴承活动间隙,正常情况下活动间隙为0.2~0.4毫米。

④装好转子及带轮。

321.饲料粉碎机不粉碎或粉碎率低的故障原因及维修方法有哪些?

故障原因是转速过低,筛子规格不符,齿爪、锤片磨损,原料太湿等。维修方法是要保证动力机额定转速,更换不合适的筛子,更换磨损的齿爪和锤片,原料要晒干。

322.饲料粉碎机轴承温度高应怎样维修?

故障原因是润滑脂质量不好、加注量过多或过少、轴承质量不好或损坏、游动间隙不当、转速过高等。维修方法是加注适量合格的润滑脂,更换轴承或调整游动间隙,保证额定功率下转速。

323.饲料粉碎机粉碎的粒度不适当或不均匀应怎样维修?

故障原因是筛子规格不对,筛子磨损或筛圈不平行,风门关闭等。维修方法是使用合适的筛子,调整筛圈,开大风门。

324.粉碎机振动、噪声大的故障原因及排除方法有哪些?

(1)故障原因。锤片排列未按顺序,个别锤片卡在销轴中没有甩开;粉碎机固定螺栓松动或输承损坏,粉碎机锤片或自带风叶轮磨损后破坏了转子平衡。

(2)排除方法。对照锤片排列图重新检查或安装锤片;检修锤片轴销;紧固地脚螺栓或更换轴承;更换锤片和风叶轮;校验转子平衡。

325.粉碎机内有异响声的故障原因及排除方法有哪些?

(1)故障原因。有金属或石块进入粉碎机内;机内有零件脱落在粉碎室内。

(2)排除方法。停机检查粉碎室内情况,排除异物。

326.粉碎机喂料口返灰的故障原因及排除方法有哪些?

(1)故障原因。喂入物料量过大;风机提升能力不足;筛片、吸料管均堵塞。

（2）排除方法。调整喂入量；检修风机；清除筛片上、下腔的积料；疏通吸料管。

327.饲料粉碎机使用注意事项有哪些？

（1）工作前，应检查各部位紧固与润滑情况；检查锤片、齿板、切刀、筛片等易损件是否需要更换；检查机器运转灵活程度等。

（2）启动与关机要按正确方法进行。

①对于新机组，应空运转30分钟，待一切正常后方可投入正常生产。

②在生产中，开动机器后一般空运转1~2分钟，待粉碎机达到额定转速后，运转正常，无异常响声，即可喂料作业。

③停机前，应提前2~3分钟停止喂料，以排出粉碎室内的物料。

（3）工作时，操作人员不得离开工作岗位，如发现异常应停机检查，不得在机器运转状态下打开机盖检查调整，以确保安全。

（4）粉碎机主轴转向要符合要求，否则应重新接线。一般切向粉碎机转子旋转方向与进料方向相同，即面对V带轮应为顺时针方向；爪式粉碎机带切刀的轴向粉碎机，转子应朝喂入口方向转动，以切割饲料；自吸式轴向粉碎机、径向粉碎机均可正、反向工作。

（5）磁选设备的配备：9FQ-60粉碎机安装了磁选器和安全室，9FQ-40A和9FQ-50A在进料斗底部安装了永久磁铁，自吸式轴向粉碎机通过控制吸料时的气流速度来清选；而其他没有磁选设备的粉碎机在使用时应另行配备。

（6）饲料的含水率应低于15%，含水率过高，不易粉碎，生产率会降低。

（7）各种类型的粉碎机，其喂料方式均有不同。一般粉碎粒状饲料时，应配备料斗，并能调节喂入量；粉碎长茎秆饲料，可在进料斗前增设放置茎秆的喂料台,对于藤蔓饲料,应散开均匀喂入,切勿成团和任其自由拖入。切向粉碎机进料口较大,茎秆饲料应散开用手压住均匀喂入;轴向粉碎机进料口小,吸力大,应适当握紧均匀喂入,爪式粉碎机进料口小,无初切装置,可先将饲料切段再喂入。同时,喂料时,不要将进料口堵死,应留有进风口,以帮助排粉。

328.饲料粉碎机调整维护项目有哪些?

(1)锤片的使用。锤片使用一段时间后,尖角会被磨钝,当1角磨钝时,各锤片应同时在原位翻面使用第2角,继续使用时可以依次调头换用第3、4角,待四个角都磨钝后,全部换用新锤片。新锤片对称两组的质量差不得大于5克,并严格按使用说明书规定的排列方式进行装配。使用的锤片隔套应符合装配图上标注的尺寸。

(2)筛片的使用。筛片的孔径大小应根据粉料的粗细度要求决定。更换新筛片时,应将筛孔带毛刺的一面安装在粉碎室内侧,光面朝外。环筛应按图安装,以防漏粉。

(3)切刀的调整。带切刀的轴向粉碎机切刀与定刀之间的间隙可用改变定刀位置或在动刀后面加减垫片等方法选行调整。粉碎茎秆饲料时为2~4毫米;粉碎粒料时,可把间隙调整到最大。

(4)各部件的润滑。饲料粉碎机一般采用旋盖式油杯润滑,每工作8小时将油杯盖拧入1~2圈,油杯拧到底后,可打开加满润滑脂再盖上。每工作200小时,应拆卸清洗轴承,安装时所加润滑脂不得超过轴承腔容积的2/3。

(5)长时间停机时,可卸下V带,以防腐蚀和老化。

329.饲料粉碎机机体振动的原因与排除方法。

(1)地脚螺栓松动或基座不稳固,拧紧或加固。

(2)转速过高,检测V带传动比。

(3)锤片排列错误,按说明书重排。

(4)个别锤片被卡住,清理。

(5)对称锤片质量有差别,若相差5克以上应更换。

(6)风机叶轮不平衡,作静平衡实验。

(7)主轴弯曲,校正或更换。

330.饲料粉碎机生产率显著下降的原因与排除方法。

(1)锤片严重磨损,在原位换面或调头使用或更换。

(2)切刀磨损,重新磨刃或更换。

(3)V胶带打滑,张紧。

(4)物料含水率高,晾晒到含水率15%以下。

(5)喂料不均匀或不够,调整喂入量。

331.饲料粉碎机喂入口反料的原因与排除方法。

(1)集尘布袋装满,气流排出困难,装料到1/3时卸料并益常拍打。

(2)管道、风机、出料口堵塞,停机后疏通并查找原因。

(3)筛孔堵塞,停机查找原因并清理。

(4)粉碎机转子反转,变换电动机接线。

(5)布袋过小、布纹过密,换集尘布袋。

332.饲料粉碎机粉碎室内有异常响声的原因与排除方法。

(1)粉碎室内进入铁质夹杂物,停车检查。

(2)粉碎室内零件脱落或损坏,停车检查。

(3)筛片与锤片相碰,检查锤片尺寸、筛片是否紧贴筛托。

(4)齿板与锤片相碰,检查锤片尺寸。

333.饲料粉碎机成品太粗的原因与排除方法。

(1)筛孔太大,换用孔径合适的筛片。

(2)筛片被击破,更换。

(3)筛片与下机体、筛托贴合不严，拧紧固定螺钉。

(4)上、下筛片接合不严，停机后压紧。

334.饲料混合机的类型及特点?

(1)卧式饲料混合机主要用于混合干粉料和潮湿料，其混合效率高、混合周期短、质量好、卸料迅速、自然残留量少，但需配用减速器使造价稍高，多用于配合饲料加工厂。

(2)立式饲料混合机主要用于混合干粉料，由于残留量多，不宜经常更换饲料配方。但其配套动力小、价格较低，可在小型饲料加工机组中应用。

(3)行星式饲料混合机主要用于混合均匀度要求较高的混合。其混合作用强，混合均匀度高，但结构复杂，造价较高。

335.饲料混合机的使用与调整方法有哪些?

(1)工作时，先使混合机运转再加料，以防带载起动困难。

(2)加料时，对于不同的饲料要分别处理，一般粒度大的饲料先加、粒度小的饲料后加；配比量大的饲料先加，配比量小的饲料后加；密度大的饲料先加，密度小的饲料后加；微量元素和维生素添加剂应当以预混合形式加入。

(3)饲料混合机充满系数要合适，否则会影响混合质量或生产率。一般立式饲料混合机为0.8~0.85，卧式饲料混合机为0.6~0.8，行星式饲料混合机为0.4。

(4)混合时间应合适，混合时间短，会混合不均匀，时间长则又导致过度混合重新产生分离，同时影响生产率，因此，必须按规定的混合时间操作。

336.饲料混合机混合不均匀的原因与排除方法有哪些?

(1)混合时间短，按规定时间出料。

(2)转速太低,检查额定转速或传动机构。

(3)加料顺序不对,按使用规程加料。

337.饲料混合机工作时有异常响声的原因与排除方法有哪些?

(1)进入铁质夹杂物,停机清除。

(2)工作部件损坏或有碰撞,修理。

338.饲料混合机工作时机体振动的原因与排除方法有哪些?

(1)安装不稳固,重新安装。

(2)轴承磨损后引起旷动,更换。

(3)支承轴变形导致不平衡,更换。

339.什么是TMR全日粮混合饲料搅拌机?主要有哪些类型?

TMR饲料搅拌机是把切断的粗饲料和精饲料以及微量元素等添加剂,按奶牛不同饲料阶段的营养需要混合的新型设备,达到科学喂养的目的。TMR是英文Total mixed rations(全混合日粮)的简称。TMR制备机是奶牛的“厨师”,“厨师”的水平高低直接关系到奶牛“口粮”的好坏。根据TMR制备机搅龙的排布方式以及产品外观形状,可分为立式和卧式两种TMR制备机。立式饲料搅拌车结构简单,更可靠,搅拌效果好。按其结构可分为立螺旋式、拨轮式、单螺旋卧式、双螺旋卧式、三螺旋卧式、四螺旋卧式、转筒式和链板式混合机等8种基本类型。按其安装配套形式还可分为固定式和移动式。

340.立螺旋式混合机的构造和特点有哪些?

立螺旋式混合机主要由一个外槽形壳体和一个(或两个)锥形中心螺旋构成。中心螺旋通过星形齿轮箱来传递动力,中心螺旋的叶片上安装有切刀,且外槽形壳体上安装有可拆卸刀板,这将有助于对干草的剪切加工,因此,这种混合机能够加工所有青贮及干草(包括大圆捆牧草)的全混合日粮。该型混合机以扩散混合为主,在混合过程中能产生向上的、喷发状的混合，具有结构简单、价格较低、需配套的动力小、使用与维护保养方便等优点，目前应用较多。

341.卧式螺旋混合机的构造和特点有哪些？

卧式螺旋混合机包括单、双、三或四水平螺旋式混合机。对多螺旋混合机，混合过程是在其中的一个或两个螺旋反转而将饲料反方向推运。搅轮叶片上安装有刀，能将长根苜蓿草切割或撕碎成70~100毫米长的粒子，这些粒子随后融入日粮。很多水平螺旋混合机不能很好地处理牧草或成捆青贮，因为这些饲料常常会缠绕搅龙。在该类混合机中应用较多的是三或四水平螺旋式混合机。

342.怎样调试配合饲料加工机组？

(1)检查各V带的张紧度，手指用力压皮带有20~30毫米垂度为宜，再用手转动粉碎机转子和搅拌机主轴，若转动灵活，则可开机运转。

(2)开机后，检查粉碎机和搅拌机的旋转方向是否与说明书所示方向一致。若旋转方向不对，调换电动机电源接线的任意两根导线的接头位置，即可使旋转方向一致。

(3)试运转5分钟，往主料斗中倾倒一袋玉米，慢慢拉开活门，检查粉碎机和搅拌机的工作性能，检查输料管、搅拌机上盖等各连接部位有无跑粉现象。从搅拌机锥筒部位的观察孔观察搅拌机内物料的流动情况，在正常情况下，应可看到物料有从上至下的运动情况。若物料运动不畅，应停机检查搅拌机内两拨料杆是否在正常位置。如果搅拌机锥筒内壁粗糙引起物料流动不畅，可使物料在搅拌机内磨合一段时间使其光滑，问题即可解决。

343.磁选设备的种类和特点使用与维修方法有哪些？

在饲料原料收获，储运和加工过程中，难免混入铁钉、螺母、垫圈、钢珠和铁块等磁性金属杂质，磁选设备的工作原理是利用磁性体对磁性金属杂物的吸附性来吸附并清除磁性金属杂质，常用的磁选设备有简易磁选器、永磁筒和永磁滚筒三种。

(1)简易磁选器。简易磁选器有磁板、篦式磁选器。它们一般安装在溜管外侧或进料口处管道中。在有些设备的喂料器上也带有磁板(如粉碎机的叶轮喂料器上和制粒的螺旋喂料器后)。

(2)永磁筒。它由外筒、内筒(磁芯)、外筒门三部分组成。生产时，物料流经永磁筒，料中的磁性金属杂质被磁芯吸住，净化后的物料由下口排出，进入下一道工序。永磁筒的优点是结构简单、价格低廉、安装方便、无需动力、除铁效率高，磁芯采用稀土永磁材料制成，永磁筒主要适用于自动化程度不高的中、小型厂。永磁筒吸出的铁杂质需由人工定期排出。

(3)永磁滚筒。永磁滚筒主要由进料口、流量调节门、旋转不锈钢筒、永久磁铁滚筒驱动机构、机壳、出料和铁杂出口等部分组成。生产时，物料经流量调节门沿进料淌板流经滚筒时，铁杂质被磁铁芯组所对应的滚筒外表面吸住，并随滚筒转动而被带到无磁区。由于该区的磁力消失，铁杂质自动落下从铁杂质出口排出，而被清理的物料则从出料口排出。它的优点是喂入量可调节，能自动清理铁杂质，但缺点是结构比较复杂、需要动力、价格较贵，永磁滚筒适用于自动化程度高的大型饲料厂。

344. 配合饲料加工机组操作要点有哪些？

(1)操作人员必须熟悉全套设备的基本结构和工作原理，开机前必须检查电气设备及导线，确保绝缘良好。

(2)每班工作前，应检查粉碎机内无异物，然后开机运转2~3分钟，再检查粉碎机和搅拌机旋转方向是否正确，有无卡碰现象，待检查无误后，按工艺流程中所述方法和顺序操作，注意先启动粉碎机后加料。

（3）粉碎机工作时，其喂入量由调节插板控制，喂料口的开度以电控柜上电流表的指针不超过电动机额定电流值为准。

（4）当不需要粉碎只需进行饲料混合时，仅利用立式搅拌机工作即可。将待混合物加入副料喂入装置，当物料全部进入搅拌机后，计时3~4分钟即可卸料，注意每批物料不宜超过容量的1/2。

（5）每班工作结束后，清理粉碎机、搅拌机内残留物料，清理除尘布袋的积尘和清扫现场地面，切断电源总闸和电控柜总开关。

345. 配合饲料加工机组的维护保养方法有哪些?

（1）粉碎机、搅拌机和拨轮轴承每工作500小时应清洗一次，并更换润滑油。

（2）保持电控柜内外部清洁，防止电器失灵。

（3）粉碎机每工作150~200小时，应打开上机体检查粉碎转子锤片、筛片磨损情况，当锤片的一个楼角磨损到超过锤片宽度中心线一半时，应调换使用。四个楼角全部磨损，应换新件；筛片磨损不严重时，可以从底面进行修补，若破损严重应换用新件。

（4）粉碎机风机壳体、叶片长期使用，可能因磨损出现孔洞，若磨损不严重，可修补叶片或壳体上的孔洞。修补后的风叶轮应重新进行静平衡检验。

346. 配合饲料加工机组电动机无力或过热的故障原因及排除方法有哪些?

（1）故障原因。电动机无力，可能是电动机三相中有一相断路；电动机过热，可能是电动机内部线短路或长时间超负荷运行。

（2）排除方法。停机检修电动机线路，调整或减轻机组工作负荷。

347.搅拌机混合均匀度变差的故障原因及排除方法有哪些?

(1)故障原因。搅拌机内破拱板损坏;传动皮带过松。

(2)排除方法。检查破拱板位置是否正常,损坏严重时应换新件;检查调整传动带的松紧度。

348.配合饲料加工机组操作区内粉尘较多的故障原因及排除方法有哪些?

(1)故障原因。除尘布袋口未扎紧;输料管各接口、搅拌机上盖处密封不严造成漏灰;风机壳、吸料管磨损有孔洞漏灰。

(2)排除方法。扎紧除尘布袋口;检修输料管、吸料管等各漏灰处。

349.颗粒饲料压制机的使用注意事项有哪些?

(1)待加工物料要求无杂物;进料要连续、均匀;发现机器工作中有异响,要及时停机查出原因,排除故障,再继续作业。

(2)在初加料时,切勿急于加蒸汽,因为此时料少,蒸汽难以加到理想量,蒸汽多、料少,极易堵机,应在物料加到一定数量时,再加蒸汽较为稳妥。

(3)增加喂料时,若出现主电动机的电流急剧增加,应立即停止喂料。同时将料切换到排出门。如堵机不严重,机器运转10~20秒即可工作正常;如20秒压模内物料压不出,可停机后用一竹竿从排出门上向下或从门下向上捣动几下,让压实而不出的物料排出门外,即可恢复作业。

350.颗粒饲料压制机如何调整?

(1)调整压模与压辊之间间隙。一般压模与压辊之间的间隙为0.05~0.5毫米,即转动压模,压辊稍有转动为好。如压模与压辊之间间隙太小,会造成出料困难,压模与压辊容易磨损,严重时还会加速压模爆裂，而且噪声大，影响产量。操作者应根据压模孔的大小选择间隙，模孔小，选择间隙小；模孔大；选择间隙大，新压模的间隙小，旧压模的间隙大；新压模要配新压辊。

(2)调整刮刀上边缘曲线与压模、压模罩之间的间隙，使其控制在2~3毫米，否则会使物料难以进入压模和压辊之间，一部分物料从压模罩窜出，使粉化率提高。

(3)调整压辊与主轴之间的间隙，使其不出现窜动。

351. 颗粒饲料压制机堵塞后怎样修复?

(1)因加工原料粉碎粒度太粗、含水分太高造成的堵塞，修复方法是改用适合制粒细度和含水率低的原料。

(2)因操作人员技术不熟练造成的堵塞，修复方法是操作人员上岗之前进行技术培训，以便掌握机器的使用要领、技术参数和物料的使用特点等。

(3)因压模机搁置时间长，压模孔表面粗糙度精度不够、孔内有锈造成的堵塞，修复方法是新压模启用时，进行15~25分钟洗模，压模表面粗糙度精度较高，选用麦皮加少许豆油作为洗模物料；压模表面粗糙度精度较低，选用麦皮(或加些玉米粉)加少许豆油，再加30%细黄沙作为洗模物料。若加工时压模堵塞严重，应拆卸压模放入机油盘或桶内加温煮，沸油中煮20分钟，模内物料有爆裂声，取出冷却后再洗模，即可清除模孔中的物料。模孔堵塞勿用手电钻和钉打，这样既慢又破坏模孔表面粗糙度，不可取。若遇上压模温度超过100摄氏度时堵机，需采取停机降温，迅速打开机门，将模孔出料口铲平，趁模温高时，迅速用小拖把将模孔刷满油，马上关门。让油渗入模孔被料吸收。因模温高，会有一部分油变为气体，将孔内物料胀出，仔细观察，可看到大部分模孔料都在冒小气泡，这是有效的征兆，待15

分钟再开机压模即顺利出料，压模很快洗净。

352.配合饲料加工机组成品配合料颗粒过粗的故障原因及排除方法有哪些?

(1)故障原因。筛片磨横或出现孔洞;筛片安装不当或与筛道贴合不严造成漏筛。

(2)排除方法。检修筛片或更换筛片，重新检查或安装筛片。

353.硬颗粒压粒机的使用与调整方法有哪些?

(1)新的环模或平模在投产之前应试运转1~2个班次。只有达到90%以上模孔出粒，压出的颗粒有光泽，方可正式投产。

(2)在压粒之前，对饲料应进行磁选去铁，以防有硬杂物进入和损坏机器。

(3)环模(或平模)与压辊间的正常间隙一般为0.3毫米，在机器内无粉料时应预先调整好。

(4)严禁压粒机空转，以减少压模与压辊的磨损。

(5)压粒机停止工作之前，用拌有3%植物油的饲料压制几分钟，使含油饲料充满孔内，避免原有饲料在孔内板结堵塞。

354.硬颗粒压粒机常见故障与排除方法有哪些?

(1)开车时模孔堵塞不出粒。模孔不光洁，用含油率高的粉料磨光;模孔堵塞，用电钻或用油浸煮疏通。

(2)硬颗粒压粒机粉料在压粒器内板结。模辊间隙过大，调整到0.3毫米以下。

(3)硬颗粒压粒机出料口粉粒过多或颗粒过硬、发亮。含水率偏低，在搅拌器内适当加水。

(4)硬颗粒压粒机颗粒软、表面粗糙。含水率偏高，减少粉料含水率或少加水。

(5)硬颗粒压粒机出粒渐渐变少。模辊间隙过大而打滑,调整到0.3毫米以下;输料系统堵塞,停机疏通。

(6)硬颗粒压粒机主机发生“闷”车。有人块杂质进入将安全销折断,停机清除并换安全销;物料喂入量过多,减少喂入量。

355.膨化颗粒饲料机的用途有哪些?

膨化饲料机属螺杆挤压型,也称挤压蒸煮机。它通过水分、热能和压力的作用,使玉米、高粱等被加工的物料中所含的淀粉颗粒糊化膨胀。用这种方法加工的颗粒饲料,可用来喂鱼、喂鸡和喂鸽子等。

356.膨化颗粒饲料机的常见故障及排除方法有哪些?

(1)膨化颗粒饲料开裂不成形。这是因为物料太湿、投入过多或物料中有沙。应适当调干物料,并在加工前剔除物料中的沙粒。

(2)产品变焦。这是因为造粒腔内温度和压力太高,物料太干、机腔内物料凝成团阻塞了出料装置。出现这种情况,立即停机降温,清洗套筒和螺杆,更换物料,检修温控箱。

(3)卡机。物料太湿或机件断裂都能造成卡机,应调干物料或更换断裂的机件,故障即可排除。

357.膨化颗粒饲料机怎样维护保养?

(1)作业前,检查减速箱润滑油,若不足应添足,检查温度自控箱和电器控制箱的接线,若松脱应固牢,绝缘应良好。

(2)作业中,应先将部分调湿物料润滑螺杆,待机温升至加工温度进入正式投料作业。作业中若出现螺杆、模头过度磨损,影响产品质量时,应停机检修更换。切粒刀用钝应磨锐。

(3)作业后,应清洗螺杆和套筒内残存物料,并用食用油涂擦螺杆,定期向电动机加注润滑油。

(4)机器长期不用时,应按说明书要求进行一次全面擦拭、加注润滑油、更换损坏机件的维修保养后，用塑料布盖好，以防尘、防潮。

358. 养鸡机械种类有哪些？

养鸡机械种类有铁制鸡笼、孵化机、育雏设备、饲喂设备、通风降温保暖设备等。

359. 铁制鸡笼的分类有哪些？

(1)按鸡的类型分为雏鸡笼、育成鸡笼、肉鸡笼、种鸡笼，蛋鸡笼和运输笼等。

(2)按鸡笼形状分为直角形、斜角形、菱形等。

(3)按鸡笼组排列形式分为全阶梯式、半阶梯式、平置式和叠层式等。

360. 铁制鸡笼的使用特点有哪些？

(1)整套设备采用热浸锌技术，耐腐蚀、寿命长。

(2)鸡舍饲养密度高，占地面积小，集约化程度高，经济效益好。

(3)具有自动喂料、捡蛋、饮水及清粪系统，节省人力，提高劳动生产率。

(4)节约饲料，避免了因水污染而导致鸡传染病的发生，破蛋率低，自动清粪系统减少了粪便对环境的污染。

(5)采用全封闭式鸡舍可自动控温供暖，使用湿帘降温与风机负压通风系统可有效地调节鸡舍内温度，有利于保证舍内环境与质量，减少或避免禽病的发生，降低死亡率，提高产蛋率。

361. 孵化机的种类有哪些？

孵化机按其外表结构不同可分为箱式孵化机、巷道式(房式)孵化机两种。箱式孵化机也称电孵化箱，其容量一般在2万枚种蛋以下。巷道式孵化机也称孵化室，人可以进入室内，其容量可达10万枚种蛋。

362.孵化机的操作要点有哪些?

(1)首先应对安装好的孵化机进行清洗、消毒,再给有轴承的地方加注黄油。检查机内是否有杂物,运动部件是否灵活,外接线是否正确,保险装置是否完全,使用的电源电压是否合格,若电压不稳,最好配装稳压器。

(2)孵化室要通风良好,机器必须平稳地放在一层砖厚的方木或水泥台上工作。

(3)开机时应先开总的进线(稳压器)开关,然后开电源开关;加开电风扇,风扇转动,加热指示灯亮,加热管工作,最后开翻蛋开关。

(4)开机后应观察风扇转动是否正常,翻蛋机构是否正常工作,翻转的角度是否合适,控制情况是否良好,待开机调试两天后确定机器工作正常,再放入种蛋进行孵化。

(5)当放入种蛋时,翻蛋开关一定要关上。用摇把把蛋架摆平,然后再打开翻蛋开关,翻蛋机构运转到设定角度,恢复到工作状态,手摇翻蛋时,一定要沿着箭头所示方向摇动摇把。

(6)膨化机在工作时,操作人员应密切观察操控膨化室内的温度和湿度,认真进行翻蛋、凉蛋、照蛋和通风换气的操作规程,直至安全孵出雏鸡。

363.孵化机的使用注意事项有哪些?

(1)若使用配套的洗蛋机洗种蛋时,注意不要使用冷水,而应选择水温在43.3~48.9摄氏度的温水。种蛋洗后放置在蛋盘上,应该是大头朝上,小头朝下,以免胎位不正而影响出雏。

(2)孵化机应安装在平整的混凝土地面上,稍向前倾斜,以便清洗时排放污水,机门前应留有2~3米的操作空间。

(3)孵化室的温度应保持在20~27摄氏度,高于27摄氏度或低于

20摄氏度时，应考虑安装空调设备或采取其他控温措施，湿度应保持在50%左右。室内要有良好的通风换气条件，特别是在出雏时排出的废气要用管道引至室外。孵化室要经常清扫、冲洗、粉刷和消毒。

(4)使用中要随时注意观察机门上的温度计指数，如有不正常现象要及时检查控温系统，排除故障。

(5)随着种蛋胚龄的增长，适当开启进、排气口。后期应全部打开，以保证胚胎正常发育对氧气的需要；前期不应开启过大，以免加温过快浪费电能。

(6)要注意翻蛋角度是否达到要求、定时是否准确，最好使所有的孵化机翻蛋方向一致，以便管理，每次翻蛋都要认真做好记录。

(7)要注意控湿装置的水箱(盘)内不能断水，感受元件的纱布与水盒内要经常换水，纱布被污染后要先洗净再重装。对于无自动控湿装置的孵化机，要定时往水盘内加温水，并根据不同孵化期对湿度的要求调整水盘的数量，以确保胚胎发育对湿度的要求。

(8)每孵化一批或出雏一批后，要对孵化机或出雏机进行彻底冲洗并消毒1次。然后检查机械部分有无松动、卡碰现象，检查减速器内润滑油情况，并清除电器设备上的灰尘、绒毛等脏物，通电试运转一段时间，调好机内温度和湿度后再入孵下一批。

364.孵化机怎样维护保养?

(1)在运输和装配过程中，要注意保护孵化机的表面镀锌层或涂漆层，防止表面损伤生锈。

(2)孵化设备消毒，应选用对机器腐蚀性小或无腐蚀性的消毒剂。

(3)及时清扫孵化设备内外的脏物，用水冲净，洗净后要开机升温干燥。

(4)控制箱内有水分,应用电吹风机吹干。

(5)机器各运转部位要在清洁后,定期加注黄油以防生锈。

(6)长期不用的机器,每月要开机升温烘干运转一次,还要根据机器腐蚀情况,定期检查和补刷防锈漆。

365.鸡舍清粪装置的种类和适用范围有哪些?

鸡舍清粪装置有地面刮板式清粪机、螺旋式清粪机、多层刮板式清粪机和输送带式清粪机。地面刮板式清粪机和螺旋式清粪机适用于笼养和平养鸡舍清理鸡粪;多层刮板式清粪机和输送带式清粪机适用于叠层式笼养和重叠大的半阶梯式笼养鸡舍清理鸡粪。

十、水产机械

366. 水产养殖设备主要有哪些？

随着设施化水产养殖的兴起，各种新的装备仪器不断出现，其种类、型号繁多，用途各异，养鱼必备的养殖设备主要有：增氧设备、投饲设备、网箱养殖设备、排灌设备、清塘设备、水质净化设备、水质检测仪器、温调控设备、水产育苗设备、捕鱼设备、鱼运输设备、防疫消毒设备等。

367. 增氧设备的种类和用途？

增氧设备的种类主要有微孔曝气增氧、叶轮增氧机、水车式增氧机、充气式增氧机、射流式增氧机、喷水式增氧机等。增氧设备主要用途是增加水中的溶氧量，通过搅拌水体、促进水体上下循环，达到增氧曝气和改善水质的作用。

368. 投饲设备的种类有哪些？

投饲机以投料形式命名的有离心式投饲机、风送式投饲机和下落式投饲机；以供料方式命名的投饲机有振动式投饲机、翻板式投饲机、螺旋式投饲机等。投饲机可以定时、定次、定量、定点、均匀自动投饲，具有省工省时、减少饲料浪费、保护水环境等特点。

369. 清塘设备的种类有哪些？

在需要晒干的池塘，为了提高清塘的工作效率主要选用工程机械，如推土机、挖掘机、移运机等。在潮湿的带水池塘进行清淤主要使用清淤机械，常用的清淤机械有两栖式清淤机、牵引式清淤机、水力高压清洗机、挖塘机组和水下清泥机等,它们的主要作用是将鱼塘的淤泥进行分切、收集、提取、输送到特定的地方。

370. 水质净化设备有哪些?

在设施水产养殖中,水质净化主要采用生物滤池、活性滤池和水质净化机械,如生物转盘、活性炭水过滤装置、耕水机和臭氧消毒增氧机等。水质净化设备可净化和处理水中的有机物、氨氮等有害物质。

371. 捕鱼设备有哪些?

捕鱼设备有电赶鱼机、电脉冲装置、气幕赶鱼器、电赶渔船、拦网船、各种绞缆机、起网机、吸鱼栗等,用于赶鱼、捕鱼和起鱼。

372. 网箱养鱼设备的种类有哪些?

网箱养鱼是将由网片制成的箱笼,放置于一定水域进行养鱼的一种生产方式。网箱多设置在有一定水流、水质清新、溶氧量较高的湖、河、水库等水域中。可实行高密度精养。网箱的种类以箱体的装配方式、有无盖网,分为封闭式和敞口式网箱。网箱设置方式有固定式、浮动式和下沉式三种;以网箱形状分,有长方形、正方形、多边形和圆形。

十一、农业废弃物利用处理设备

373.农业废弃物利用处理设备有哪些?

主要有生物质能设备和废弃物处理设备。生物质能设备有沼气发生设备和秸秆气化设备。废弃物处理设备有废弃物料烘干机、有机废弃物好氧发酵翻堆机、有机废弃物干式厌氧发酵装置、沼渣沼液抽排设备、秸秆压块(粒、棒)机、病死畜禽无害化处理设备及残膜回收机等。

374.大中型沼气工程设备有哪些?

主要包括浆式搅拌机、机械(人工)格栅、正负压保护器、凝水器、汽水分离器、脱硫塔、气柜、配电柜、增压风机、流量计、锅炉、热水循环泵、进料泵及各种仪器仪表等。

375.粪污预处理机械操作注意事项有哪些?

(1) 操作过程中防止坠落池中。

(2)操作过程中操作工随时观察设备运行情况,有无异常情况。

(3)按时填写设备运行记录表。

(4)定期清理搅拌器上缠绕的杂物,如运行中晃动加剧,必须立即按停机检修程序清理缠绕的杂物。

(5)定期检查电缆是否有破损。

(6)定期检查易损件损耗情况,及时更换并加注40号机械油。

(7)定期测量电机运行电流、绝缘电阻是否在额定范围内。

376. 有机废弃物厌氧发酵装置种类有哪些?

主要有砖混结构、钢混结构、钢板拼装结构和软体材料发酵装置。

377. 有机废弃物厌氧发酵装置如何维护保养?

(1)厌氧反应器的安全和操作的一般要求应符合本产品规程的规定。

(2)应定期检查厌氧反应器的塔体和沼气管道是否漏气。

(3)厌氧反应器放空清理和维修时,可燃气体和有害气体含量应控制在安全规定值以下,同时应加强塔内通风,防止塔内缺氧。

(4)进入厌氧反应器内清理的人员应有防护措施,并应有其他人员在塔外协作与监护。

(5)维护保养加热设备时,应采取安全防护措施。

(6)厌氧反应器排泥时,必须保证厌氧塔内与贮气柜的可靠连接,以保证排泥时塔内不产生负压。

378. 厌氧反应器正常运行时的注意事项有哪些?

(1)厌氧反应器排泥时,应使反应器与贮气柜连通,避免形成负压。

(2)厌氧反应器溢流管必须保持畅通并保持其水封高度。

(3)沼气应充分利用,需排放的沼气应规范燃烧。

(4)贮气柜的水封应保持水封高度,夏季应及时补充清水,冬季气温低于0摄氏度时应采取防冻措施。

(5)贮气柜水封槽内水的pH应定期测定,当pH小于6时应换水。

(6)输气管道内的冷凝水应定期排放,排水时应防止沼气泄漏。

(7)脱硫装置中脱硫剂应定期再生或更换,冬季气温低于0摄氏度时，应采取防冻措施。

(8)干式脱硫的，脱硫率应大于90%；湿式脱硫的，脱硫率应大于60%。

379.气水分离器(脱水)的工作原理?

目前使用较多的是重力式气水分离器。其分离器原理是：沼气池产生的沼气由气水分离器进口管进入管体后，因器体截面积远远大于进口管截面积，致使沼气流速突然下降，由于水与气的比重不一样，造成水滴下降速度大于气流上升速度，水下沉到器底，沼气上升从出口管输出。

380.脱硫器(塔、罐)的工作原理?

沼气中含有一定数量的硫化氢，硫化氢是一种酸性气体，对管道、开关阀门、仪表等设备均有腐蚀性，对家用电器也有腐蚀作用。为保证正常供气，延长设备的使用寿命，在输气管路中必须安装脱硫器。

脱硫的方法有湿法和干法两种，干法脱硫具有工艺简单、成熟可靠、造价低等优点，并能达到较好的净化效果。目前采用最多的脱硫剂是氧化铁(Fe_2O_3)，脱硫器使用一段时间后，脱硫器内的脱硫剂会变黑，失去活性，脱硫效果降低，也可能板结，增加沼气输送阻力，严重时，沼气会被阻塞不能通过。此时，必须将脱硫剂进行再生。

381.脱硫器(塔、罐)的脱硫剂如何再生?

将失活的脱硫剂取出，均匀疏松地堆放在平整、干净、背阳、通风的场地上，经常翻动脱硫剂，使其与空气充分接触氧化再生。当脱硫剂中水分含量低时，可均匀喷撒稀碱液，以加速再生速度，缩短再生时间，一般经过2个月左右，可装入脱硫器内继续使用。脱硫剂可以再生1~2次。

注意:沼气池换料时,必须将脱硫器前的开关关闭,禁止空气通过脱硫器,因为,沼气池换料时,通过输气管到脱硫器的气体已不是沼气,而是含有氧气的气体,一旦直接进入脱硫器,脱硫剂发生化学反应,温度急剧升高,会损坏脱硫器塑料外壳,而导致脱硫器不能使用。

382.沼气储气设备的种类及安全注意事项有哪些?

沼气储气柜分为低压贮气柜和高压贮气柜,低压贮气柜又分为低压湿式贮气柜和低压干式贮气柜。低压贮气柜运行可靠,管理方便,并具有输送沼气所需压力的能力;高压贮气柜对材质、密封要求较高,投资成本大。目前,我国建造和使用低压贮气柜的技术已经成熟,现有的大中型沼气工程通常都采用低压贮气柜。其安全注意事项有:

(1)充气鼓风机应保持连续运行,保证气柜外气囊一直处于鼓起状态。

(2)支撑鼓风机和管路系统必须在毫无障碍下工作,否则,柔性气柜在运行过程中无法承受大风和雨雪所带来的载荷,可能造成气柜膜材的损坏或渗漏。

(3)针对天气状况做好防护,例如在雨雪天气要注意气柜雨雪的排除。

(4)严禁在气柜周围进行切割、烧焊、抽烟、产生明火或火种及贮存易燃物品。

(5)当外界最低气温低于0摄氏度,正负压保护器内必须填充-30摄氏度规格防冻液并定期每日检查液位是否正常。

(6)正负压保护器进口的阀门严禁关闭,如需关闭必须采取有效的防护措施,防止罐体或气柜超压损坏,导致事故。

383.沼气用气设备有哪些?

常用的有沼气灶、沼气灯、沼气压力表、沼气灯电子点火器、沼气热水器、沼气(脉冲)专用双灶、沼气饭煲、沼气发电机等。

384.沼肥设备有哪些?

有沼液泵、沼液滴灌、沼液喷洒机、沼液车及固液分离机等。

385.沼气设备如何维护保养?

(1)定期进出料。管理人员要根据养殖场粪便的产量,每1~3天进出料一次,进料浓度控制在6%~8%。

(2)定期排放气水分离器及沼气管道内的冷凝水。根据运行情况,管理人员要摸索出积水产生数量的规律,掌握排水的时间间隔,做到定期排水。

(3)定期更换脱硫塔中的脱硫剂。脱硫剂变黑失效后,要及时更换。

(4)定期检查输气管路是否漏气。具体用肥皂水检查管路接头,有气泡表示漏气。

(5)定期检查水封池水位高度。水封池水位至少应在满水水位的2/3以上,低于这个水位要及时补充清水,冬季气温低于0摄氏度时应采取防冻措施。

(6)定期检测储气柜水封池内水的酸碱度(至少一个季度测一次),当pH小于6时应换水。

(7)定期清洗阻火器内金属丝网,防止其阻力增大影响燃烧。

十二、农田基本建设机械

386. 挖坑机如何选用?

必须根据植树作业的要求、土壤性质、动力机的功率来选用适用的挖坑机。

(1)若用于普通沙壤土的山区、坡地种植幼树挖坑,坑直径不大于30厘米、坑深不大于40厘米,可选小型挖坑机,可与小型拖拉机配套使用。

(2)若用于较硬土壤挖坑,坑直径为30~50厘米,坑深为40~60厘米,可选用中型挖坑机,该种挖抗机可与30马力以上的中型拖拉机配套使用。

(3)若用于黏重土壤挖坑,坑直径为50~65厘米,坑深为60厘米以上,则应选用大型挖坑机,如1W-70型或1W-65型,可以与55马力以上拖拉机配套使用。

387. 挖坑机的用途及结构。

(1)挖坑机的用途。主要用于地形平缓的平原、丘陵地区或拖拉机可以通行的地区,进行园林植树绿化、果树栽培或追肥及城乡埋立桩柱、电线杆等挖坑的土方作业。

(2)挖坑机的结构。挖坑机因型号不同其结构略有不同,悬挂式挖坑机主要由机架、传动轴、减速箱、钻头等组成。

388. 小型植树挖坑机如何正确使用?

(1)该机由小型汽油机及特殊设计钻具组成,适合在土地、冻土、冰层上打孔,该机体积小、质量轻、便于携带、操作方便、成孔效率高、价格便宜,广泛用于园林种植、植树等挖坑、追肥作业。

(2)按汽油与二冲程机油的比例为25:1(新机比例为20:1),配好燃油并加足燃油箱,燃油要现配现用。

(3)启动发动机试运转,观察发动机、减速器、操作部分和工作部分运转正常,方可投入使用。

(4)根据树种的大小不同,选配适用的钻头并安装牢固。

(5)作业前,应将植树坑标记出来,以方便作业。

(6)该机可单人操作,也可双人操作(土质较硬时)。操作者应头戴安全帽、眼戴防护镜、身穿工作服、双手提起握紧操作手柄,将工作钻头对准待钻坑位,用力往下钻,即可将土壤排出坑外,直至钻到所要求的坑径和坑深为止。钻完一个坑后,再提机钻临近的另一个植树坑。

389.小型植树挖坑机如何维护保养?

(1)作业前,检查燃油箱燃油,不足应添加;检查发动机、离合器、减速器和工作部件运转是否正常,发现故障及时排除。

(2)作业中,发动机因钻硬质土坑负荷大而发热或熄火,钻头因长时间工作磨钝效率降低,要停机进行检修或更换新件。

(3)每班作业后,应清除机器的尘土或缠草,向润滑注油点加注润滑油(脂),并用机油将钻杆、钻头、保护罩擦拭干净,以防锈蚀。

(4)长期不用,将机器全面保养后存入通风处。

390.挖坑机如何正确使用?

(1)挖坑机悬挂安装在拖拉机上。使用前,应先将拖拉机动力输出轴与挖坑机连接好,并检查传动部件、工作部件和减速机件工作是否运转正常。若试运转工作正常,方可投入作业。

(2)驾驶员将拖拉机的操纵杆置于“浮动”状态，让挖坑机钻头对准挖的坑位标记中心并依靠自重下落，使钻头边旋转边入土。严禁钻头先入土后接合动力。

(3)钻头入土后，螺旋叶片切下的土在离心力作用下被抛向坑壁，并在摩擦力的作用下沿螺旋叶片上升到地面，抛向坑四周。当钻头达到预定入土深度后，扳动液压操纵杆，让钻头边旋转边提升到地面，再挖临近的另一个树坑。

(4)使用中，若遇到土质较坚实或待挖坑直径过大时，可分次挖掘，先用小直径的钻头开挖，再用直径较大的钻头将小坑铣大，直至铣到要求的坑径和坑深为止。

(5)使用W45D型挖坑机，可使用两种规格的钻头：直径为750毫米的单个大钻头，可挖直径为750毫米、坑深为750毫米的圆形坑；直径为450毫米的两个小钻头，可挖800毫米×450毫米×450毫米(长×宽×深)的长方形坑。如安装不同规格的钻头，可进行不同要求的挖坑植树和穴状整地作业。

391.挖坑机怎样维护保养?

(1)作业前，检查拖拉机与挖坑机的连接情况，如有螺栓连接松动应紧固；检查减速器运转情况，如有异响应排除；检查钻头螺旋片的质量情况，如有缺损应修复或更换。

(2)作业中，若钻头转速突然下降，拖拉机冒黑烟，可能是钻头遇到树根或岩石，应立即提升钻头，排除故障后方可再挖。

(3)作业结束后，应清除挖坑机的泥土，对各润滑点注入润滑油(脂)，钻头螺旋片上可适当涂上机油防锈。

(4)季后长期不用时，应对机器全面保养一次后，放置在室内干燥处保存，以备后用。

十三、设施农业设备

392. 什么是温室大棚机械卷帘技术?

温室大棚机械卷帘技术是利用卷帘机对温室大棚保温覆盖物(草帘、保温被等)进行自动卷放的一项技术。

393. 什么是温室大棚机械卷膜技术?

温室大棚机械卷膜技术是利用卷膜机(器)对温室大棚通风口的棚膜进行自动卷放的一项技术。

394. 卷帘机的构造和工作原理?

目前,常用卷帘机多采用二联支杆与滚动起重的原理,属棚前安装式。主机由减速机、电动机、安装架等组成,采用两级蜗杆、蜗轮传动,输出轴连接联轴器,联轴器通过法兰与圆管制成的卷轴连接,完成卷、放苫帘。电动机通过V带将旋转力传递给小蜗杆,通过内部蜗轮系统完成整机的力传递,最终输出工作扭矩。配套设备有支杆、卷杆及接合附件。支杆由主杆、副杆、地锚、铰链等组成;卷杆为50圆钢管,其壁厚根据大棚长度、卷帘重量配置;接合附件包括管接套或法兰、螺栓等。

395. 中置悬臂走动式卷帘机构造及特点有哪些?

悬臂走动式卷帘机一般由底座、支臂、摆臂、三相或单相电动机、减速机、卷帘轴及电机座组成,一般都用单相电动机,功率1.1~2.2千瓦,适合棚长60~120米。支臂、摆臂及卷帘轴在棚前中间地面位置安装即可,将草帘的下端固定在卷帘轴上,上端固定在后墙上,卷帘机即可工作。工作时接通电源,电机动力通过减速机传给卷帘轴,卷帘轴卷起草帘,电机反转即为放帘,工作中电机和减速机一起在棚面上走动。该卷帘机卷放整齐,棚上材料不受破坏,操作方便,可在棚上任意位置停止或启动,安全性好,可靠性高,结构简单,应用广泛。

396.中置式卷帘机如何安装?

安装前,应认真阅读《产品使用说明书》,安装步骤为:在棚中间固定主机→安放支架→卷杆连接→草帘铺盖并固定在下部卷轴上。

(1)固定主机。焊接主机的各连接活动节、法兰盘、卷轴;将主机与电机连接;主机输出端靠向大棚方向,电机端指向棚外;连接好后放在大棚的中间。

(2)安放支架。在棚前正中,距棚1.5~2米处挖坑埋设地桩,连接支撑架,以活结和销轴接支撑杆,立起并连接地桩。

(3)卷杆连接。将臂杆分别用高强度螺栓锁定于主机两端输出联轴器上,将卷轴与管轴、管套套接式连接。

(4)草帘(保温被)铺放。将草帘(保温被)垂直平铺在大棚上,草帘(保温被)下端与卷轴捆扎成一体。草帘排放的顺序,可以一顺压;绳子的安排,一般一个草帘一条绳子;每根钢管每边最少安装两条绳子。

397.侧置式卷帘机的构造及特点有哪些?

侧置式卷帘机安装距电源近,节省电线;可在房间内操作,使用方便,安全可靠,结构紧凑,体积小,重量轻,工作性能可靠,卷放速度快,对棚体刚性强度要求不高,适合各种材料的棚体、各种铺盖物的卷放;适用于长度在60米以下的温室大棚。同中置式相比最大优点是安装于大棚一端,不会遮挡阳光;而中置式卷帘机是安装于大棚的中间,为防止机器在运行时损伤棚膜,必须在下面铺一条草帘或棉被,这样就会遮住部分阳光,会导致小部分作物生长不良。

398.侧置式卷帘机安装方法有哪些?

(1)卷帘机组、卷杆连接、草帘(保温被)铺放固定安装方法同悬臂式卷帘机。

(2)伸缩支杆及铰接支座的安装:固定底座,最近时伸缩支杆正好插入,最长时不冒出去。

399.卷帘机安装前须做哪些准备工作?

安装电动卷帘机前,首先对大棚进行详细了解,要经实地考察,无论是钢结构大棚还是竹木结构大棚,都要注意以下几点:

(1)要求大棚有足够强度、刚度及平整度等,足以承受起卷于一条直线上的苫帘与电动卷帘机的整体重量,避免将棚体压坏或使卷帘机不能发挥效能。

(2)要观察大棚的两端高度是否对称、棚前地势是否过低,否则要整改,不然安装调整会增加困难。

(3)要观察大棚顶后坡是大沿还是小沿,若是小沿应要求将2.5米放风膜换成3米膜,并结合大棚的高度选取支杆的长度,以免因放风困难造成电动卷帘机安装失败。

(4)卷帘机机型的选用要根据大棚的长、宽、高和苫帘的重量,同时要考虑到霜、雨、雪、雾天气会增加苫帘的重量,拱度小、宽度大、刚度差的大棚也会增加电动卷帘机的载荷,因此,选用时必须将这些因素考虑在内。

(5)确定卷帘机安装点,安装点应选定在温室大棚前的中间部位。主机输出端靠向大棚方向,以便于臂杆的连接,电机端指向棚外以便与副杆连接。

400.卷帘机的安装步骤有哪些?

(1)将臂杆用高强度螺栓锁定于主机两端输出联轴器上。将卷轴与主机联轴器连接并紧固。注意此处必须连接牢固,因机件松动将影响卷轴使用寿命,甚至危及使用安全。

(2)将苫帘排好,垂直平铺。将连接好的卷帘机连同卷轴抬起放到苫帘下端帘面上,要求卷轴一定顺直,左右、上下不得有弯曲现象,否则要重新调整,达到要求为止。

(3)将绳带与卷轴固定桩绑扎在一起。为确保绳带的松紧一致性,避免苫帘跑偏,绑扎时一定要仔细进行,最好由一人全部完成或两人每人一边来完成。

(4)逐个将苫帘下端排起并绕卷轴一周,用细铁丝将苫帘与卷轴捆扎成一体。

(5)准备好电气部分,先接入换相开关,然后送电观察电机正、反转,直至电机端支架口开始上翘至90度时,断电关机(为了使用安全可靠,电机开关装置要求装在棚顶的中部或一端)。

(6)依据棚的高度、跨度预定地锚安装位置,一般选在棚中段的前方1.8~2.2米处(安装后不合适仍可重新调整)。之后,将地锚固定(先用铁锹在地上挖一小坑,再将地锚向下夯入地下并培土固定)。

(7)将主杆按"T"形铰链向地桩南北摆放,按要求将主杆与地锚铰链连接可靠,用开口销锁定。

(8)依次将主杆与副杆用上述相同的方法锁定。

(9)在机箱内加入蜗轮蜗杆专用油或20号齿轮油。

401.如何调试卷帘机?

卷帘机安装结束后,要进行一次全面检查,对主机、支杆、卷轴、电气一一进行检查,核实无误、安全可靠后方可进行调试工作。

第一次送电运行，约上卷1米，观察苫帘调直状况，若苫帘不直可视具体情况分析原因，采取调直措施。

第二次送电运行，约上卷2/3，观察苫帘调直状况，若苫帘不直，采取调直措施。然后，再将机器退回到初始位置。

第三次送电前，应仔细检查主机部分是否有明显升温现象，若温度不超过环境温度40摄氏度，且未发现机器有异声、异味，可进行第三次送电运行至机器到位。

402. 卷帘机的操作技术要点有哪些？

(1)检查调整。安装结束后，要进行一次全面检查，主机、支撑杆等安全可靠后方可进行调试。

①接通电源时防止缺一相电源，如果缺一相电源会烧坏电机。

②主机的传动部分(如减速机、传动轴承等)添加润滑油，变速箱要加防冻机油。

③在安装过程中要把卷帘绳子的长度(松紧)调整一致，使卷起的草帘子位于一条直线上。在使用过程中要经常对卷帘绳子进行调整。如果绳子长短不齐，草帘子松紧不一样，卷起的草帘子会出现曲线状，在使用中会加大卷帘机和卷轴的扭矩力，影响使用效果或损坏卷帘机和卷轴。

(2)试机

①送电运行，上卷2米，使草帘(保温被)滚实后将机器退回到初始位。调节卷帘绳长短、松紧至最佳工作状态，达到作业要求后可交付使用。

②卷帘作业。启动调节控制开关至卷帘档．观察卷帘作业工作情况，卷帘至棚顶约30厘米时停机，切断电源。

③放帘作业。启动调节控制开关至放帘档，配合使用刹车装置，

控制平稳放帘至底部约30厘米时停机，切断电源。

403.卷帘机如何维护保养？

(1)作业期保养。首次使用前按要求先往机体内注入机油1.5~2.0千克(注意用油牌号)。以后每年更换一次，机械作业前和使用期间，检查供电线路控制开关、线路是否老化、开关是否漏电，及时维修或更换。

(2)非作业期保养及存放。对机械进行一次全面维护保养，然后在干燥通风的环境下存放备用。

(3)适当调节胶带松紧度。

(4)发现立杆倾斜、卷杆弯曲或螺栓松动要及时调整紧固。

404.卷帘机使用的安全注意事项有哪些？

(1)选购时应选择通过农机推广鉴定的产品。

(2)卷帘机应由专业人员安装调试，并由技术人员按使用说明书调试正常后方可操作使用。使用人必须在安装时接受安装人员的培训。

(3)确定电动卷帘机型号，务必留有荷载余量，才能保证卷帘机(保温被)使用寿命长，安全有保障。

(4)卷帘机启用前必须加足润滑油。草帘或保温被的底部(即和卷帘轴连接的地方)不能过湿，过湿使草帘过重，卷起困难。在使用中最好用塑料布将草帘盖上，避免雨雪淋湿草帘，也便于清雪。

(5)开机前注意检查周围，尤其是拱棚保温被上有无人或其他杂物，必须将固定镇压保温覆盖物的物品移开，卷放帘过程中温室上面和支撑架下严禁站人，操作人员应站在两侧或后墙上，边观察边操作，严禁站在棚前或支杆旁操作。以免对人造成伤害或者对卷帘机造成损坏。苫帘上卷到位后注意及时关机，防止苫帘越位翻入棚后。

(6)卷帘机必须设置断电闸刀和换向开关,操作完毕须用断电刀将电源切断,以防止换向开关出现异常变动或故障面非正常运转造成损失。阴雨、雪、雾天气要特别注意保护,防止电机导线进水、连线,烧坏电机、漏电伤人。

(7)随时注意检查各连接部位的螺栓紧固情况,以免因松动、材质不达标或超载发生安全事故。

(8)如卷帘设备发生故障,用户应及时与生产厂家或售后服务部门联系,进行故障排除,不可自行处理。

405.卷帘机常见故障如何排除?

(1)电机不转的故障原因电源缺电,检查电源电线开关等。

(2)电机不转但有嗡嗡声的故障原因有电源缺相或电压过低,检查电源电线开关等。

(3)机器内有异声或温度过高的故障原因有轴承损坏或机内失油,更换轴承或加油。

十四、动力机械

406.新购买拖拉机时应该怎样挑选?

新购轮式拖拉机时,要先根据使用用途和作业需要选好动力大小和品牌,提车时应仔细挑车并注意如下相关事项:

(1)要与销售者一起当面验货。检查所购产品的随机工具、附件、备件与装箱单是否一致。

(2)应向销售者索要购机正式发票,该发票是"三包"服务的重要凭证之一。同时,要有拖拉机产品合格证、使用说明书及相关技术资料。

(3)应向销售者了解产品使用、维护、保养的有关事项,问清产品实行"三包"的方式、维修地址和联系方法等,以及使用时应当注意的事项等。

(4)检查拖拉机外观。注意观察拖拉机外表有无磕碰、损伤、脱漆及翻新迹象;各焊接部位焊缝是否平整、牢固;各部位间隙是否一致;铸造件,如箱体等是否有裂纹及气孔、砂眼等缺陷。拖拉机表面要整洁,各零部件及仪表要齐全完整,各螺母要牢固,开口销及保险装置应符合要求,有无零部件、螺栓、螺帽丢失现象。外壳的油漆要亮、要均匀,不能有起皮、脱落,手感光滑平整。铸件表面要平整,无裂缝,钣金件的外观应光滑,电镀件表面应光亮无锈蚀。轮胎表面要光滑,花纹规整,无鼓泡、裂纹等。

(5)检查三漏。仔细查看拖拉机是否漏油、漏水和漏气。首先看拖拉机停放的地方有无水渍和油迹;然后看水箱备接管接头处有无渗漏,正时齿轮室、油底壳、变速箱等有无渗油现象。在不减压时进行摇车,当摇不动时听空气滤清器、排气管等处是否有响声,确定气门是否漏气。

(6)电器设备检查。不启动发动机打开电源开关,开亮前灯、后灯和工作灯,变换灯光看是否正常;按喇叭听声音是否洪亮。

(7)检查安全防护装置,安全警示标志是否齐全。检查发动机的启动轴头,轴头端部不能高出发动机箱体平面。外露皮带轮和皮带必须有防护罩。上下车的阶梯或脚踏板应有防滑凸缘或挡边。动力输出轴的轴头必须有护罩。在操纵不明显的操作装置上,应有表明操纵方向的符号。

(8)检查操纵机构。油门及拉杆连接可靠,试踩无卡碰。根据操作规程推拉主、副变速杆,确认其灵活性。方向盘在前轮不动时,其自由转角应小于30度。

(9)离合器工作可靠、接合平稳;变速换挡机构操纵轻便;方向盘行驶时前轮无摆动、跑偏现象,方向盘抖动量不大,转向灵活。挂挡、摘挡轻快,并且挂挡顺利。

(10)若有液压系统,还应将液压油泵接合动力,进行升降操作检验。观察或触摸在升降过程中有无抖动或发热等现象。

(11)试车。试车是挑选完拖拉机后对底盘相应的运动部件进行质量检查。试车时,应注意以下两点:首先,柴油机的启动性能、油门控制系统和柴油机的空运转。柴油机启动后,运转应轻松平稳、无杂声。排气应无色透明或淡灰色。其次,检查方向盘的自由行程和转向性能,检查制动系统、液压系统,检查轮胎、照明系统等。

407. 怎样保养柴油滤清器?

(1)柴油粗滤器的保养。柴油粗滤器多用折叠式微孔纸组成滤芯,内部有铁皮筒骨架。清洗柴油粗滤器时,可用软毛刷清洗滤芯外表面,也可用反吹法从里向外吹气,吹掉黏附在外表面的脏物。保养柴油粗滤器时要注意三点:

①清洗滤芯时,要将接口处堵死,严防脏油进入滤芯内腔。

②用反吹法保养时,压缩空气的气压不能太高,防止涨破滤芯。

③要认真检查滤芯有无破裂,如有裂缝,应更换新的滤芯,切不可凑合使用,因小失大,造成精密偶件过早磨损。

(2)柴油细滤器的保养。细滤器的滤清效果直接影响各精密偶件的使用寿命,因此每工作100小时后一定要保养细滤器,清洗滤芯。清洗滤芯时要注意以下四点:

①可用软毛刷清洗滤芯外表面,不能用硬物去刮除积存脏物,防止损坏滤芯。

②滤芯两端开口处,要用塞子堵住,防止脏物进入内腔。一旦脏物进入内腔,就会在发动机工作时直接进入喷油泵,造成精密偶件拉伤、卡死或过早磨损。

③一旦滤芯有破裂现象,必须更换新滤芯。

④装复滤芯时,一定要放好密封圈,防止柴油不经过滤直接进入油泵。

408. 怎样保养空气滤清器?

(1)拖拉机发动机的空气滤清器每工作20小时就要保养一次,保养时必须认真仔细并注意以下4点:

①对干式的纸质滤芯不可用柴油清洗,保养时可在滤芯两端轻轻拍掉灰尘,再用软毛刷清除滤芯外表面的吸附物或用压缩空气从

反面吹净，细心检查滤芯是否有破裂现象，如有破裂必须更换。注意纸质滤芯不能放在水中或油中清洗。

②湿式三级滤清器保养时除清洗粗滤器外，还要清洗油盘，更换机油。金属丝绒可用柴油或汽油清洗，应将清洗油滴干后再浸透机油，待多余机油流尽后再装回。

③装回滤芯时要注意各部的密封性，特别是密封圈不能漏装或损坏。如果密封不严就会有未经过滤的空气直接进入气缸导致机件过早磨损。

④湿式空气滤清器油盘油面有规定，不得多加。

(2)空气滤清器保养

①集尘杯内积聚的灰尘超过1/3时必须清除。

②根据作业条件及时清洗滤网(金属网式)。

③对干式的纸质滤芯不可用柴油清洗，保养时可在滤芯两端轻轻拍掉灰尘，再用软毛刷刷净或用压缩空气从反面吹净，若发现损坏必须更换。

④保养油浴式空气滤清器时，应检查油盘油位，不足时应添加，油很脏时必须更换。

⑤对离心干式滤清器和中央管中的灰尘，保养时也必须清除。

⑥保养后安装时，各连接部位必须严密，保证不漏气。

409. 怎样保养机油滤清器？

拖拉机发动机的机油滤清器每工作200小时就要保养一次，清洗机油滤清器滤芯时，滤芯两端开口处，要用塞子堵住，防止脏物进入滤芯内腔。一旦脏物进入滤芯内腔，就会在发动机工作时刮伤运动部件表面，造成早期磨损。

清洗机油滤清器滤芯时，一般用柴油或汽油清洗，清洗时要小心仔细,不要用硬物刮除脏物,以免损坏滤芯,清洗后晾干再装回。要仔细检查滤芯有无破裂,如有破裂则必须更换新滤芯。由于纸质滤芯使用过久,微孔纸的过滤性能就会变差,也可以不用清洗直接更换,这样节省了清洗用油,经济上相差不大。

如果使用锯末滤芯,在保养时应注意以下3点:

①锯末滤芯不仅能滤掉机油中的机械杂质,还能滤掉机油中的胶状物质,使机油使用寿命延长。锯末滤芯吸油率较高,使用前应在机油中浸泡8~12小时再使用,如果未经浸泡就装入滤清器,会造成短时间润滑系缺油。

②锯末滤芯容易受潮,保管时要注意包装袋完好程度,不使用时不要提前打开,受潮后强度会降低,过滤性能变差。如果机油中因故有水时,在排除进水故障后要更换新的锯末滤芯。

③锯末滤芯不能在汽油中清洗。

410.四缸发动机工作顺序为1-3-4-2时,怎样用二次调整法调整气门间隙?

首先确定发动机第一缸活塞位于压缩行程上止点,将减压机构固定在工作位置(非减压位置),调整第一缸进、排气门,第二缸进气门,第三缸排气门的间隙;然后顺时针摇转曲轴一周,使第四缸活塞位于压缩行程上止点,再将减压机构固定在工作位置,调整第四缸进、排气门,第三缸进气门,第二缸排气门的间隙。

411.柴油机减压机构的作用是什么?调整时应注意什么?

柴油机减压机构的作用是在发动机预热起动或进行技术保养时,能将气门部分打开,降低气缸内压力,减少曲轴转动时的阻力。

调整应在气门处于关闭状态时进行(减压值一般在0.5~1.5毫米)。调整后应轻轻摇转曲轴复查,要求气门不撞活塞顶并有明显减压效果,然后锁紧减压调整螺钉。

412.发动机机油压力不正常的原因?

除了油泵的泵油能力外,油路的通过面积(指油道、滤芯和润滑部位间隙等)和机油的黏度等因素,都会影响到机油压力。发动机工作时,必须保持正常油压。如果油压过低,各摩擦表面会因得不到足够的润滑而磨损加快;如果油压过高,容易使油封、油管压坏,消耗发动机动力。

(1)机油压力过低,会破坏发动机的润滑条件,造成润滑、冷却和清洁不良,将引起零件黏着磨损。曲轴主轴颈及连杆轴颈和轴承之间间隙过大,机油黏度过低和滤芯破裂都会造成油压过低。

(2)机油压力过高,虽然不多见,但同样会破坏正常的润滑条件。如机油黏度过大,变质结胶,滤芯和油道堵塞,调压阀调整不当或不能开启都会造成油压过高。

(3)机油消耗过多的原因除漏机油外,更多的是烧机油。其主原因是:活塞与缸壁间隙过大,活塞环磨损过甚或弹力不足,气门导管磨损过甚,气门杆油封损坏。利用发动机超强修复剂可大大提高活塞环的密封性,修复已磨损的内部机件,减少机油的消耗。

413.发动机活塞环折断的原因?

(1)活塞与缸套的间隙过大,活塞在气缸内摆动撞击气缸壁,活塞环对缸套侧压力在曲柄运动平面方向增大,造成偏磨,使活塞环受力不均而折断。

(2)端隙、背隙过小,活塞环侧隙过大,环与环撞击加剧,加速磨损,严重时将环折断。以195型柴油机为例,第一道气环侧隙为0.05~0.095毫米,其他几环道为0.03~0.07毫米,磨损极限为0.18毫米。活塞环的端隙背隙过小,在高压、高温和积碳的影响下,增加了环与缸套磨损阻力,使润滑油膜减少,造成活塞环折断。

(3)空气滤清器过滤性能差,润滑油变质或不净,以及长期超负荷工作;燃烧气体爆发的冲击波以及活塞与缸套,缸套与机体之间相对振动,缸套材料内存在微观小孔;沟槽等,其冲击波在短时间内受到反复不断的强大冲击,使金属表面产生疲劳破坏而出现沟槽。由此造成缸套光洁度变差,活塞环被折断。

(4)拉缸是指在气缸套内壁工作表面上出现一些深浅不等的沟纹。产生的原因:活塞与缸套配合间隙过小或活塞环开口间隙过小,发动机运转时活塞环容易卡滞在气缸内造成拉缸,活塞环的弹力过大,增加了环与缸壁的摩擦,使飞溅的润滑油膜减少或不能形成油膜而拉缸,折断活塞环。

(5)活塞在气缸内偏斜过大,产生椭圆和锥度,上部出现台阶现象,气缸套内壁工作表面常在活塞环运动区域内形成不均匀磨损超过极限,一般是在往复运动方向上形成锥形,在圆周方向上磨成不规则的椭圆形,在缸套磨损量最大的位置,椭圆度往往也最大,气缸套与活塞环不接触部位磨损,因而出现明显的磨损台阶,在作功冲程燃气压力迫使活塞向下支点运动,由往复转换为旋转,活塞环对缸套侧压力在曲柄运动平面方向最大,造成缸套偏磨,即垂直于曲轴方向的缸套磨损量最大,曲轴弯曲,连杆弯曲,气缸套中心线与曲轴轴心不垂直,曲轴的轴向间隙过大,均能使活塞环与气缸套产生偏磨和受力不均而折断。如轴瓦间隙过大,活塞销、连杆间隙过大,在缸套上部出现明显磨损台阶,第一道气环最容易折断。

414. 什么是拖拉机的磨合?

新出厂或大修后的拖拉机必须进行磨合后才能正常使用,否则将大大缩短拖拉机的使用寿命。新的拖拉机零件,看起来表面很光滑，实际上零件表面上有微观不平的加工刀痕，零件表面并不光滑，使零件的配合间隙没有达到工程师的设计要求，运动阻力较大，机器不能正常工作，因此，在使用前应将零件表面的加工刀痕慢慢地磨掉、磨平。磨合：就是拖拉机在投入正常负荷作业之前，在规定的润滑、转速、负荷条件下运转一段时间，同时进行检查、调整与保养，使拖拉机技术状态正常化，这一系列工作过程称为磨合。

415. 拖拉机磨合的注意事项有哪些？

拖拉机磨合的时间和负荷大小一定要严格按照随车使用保养说明书的磨合规程进行。磨合过程中要随时注意机器工作状态，并作出记录。如发现不正常现象，应立即停车检查，待故障排除后再继续进行磨合。

416. 磨合前的准备工作有哪些？

(1)清理拖拉机外表，检查所有螺栓、螺母等连接件是否松动，并留意需加注润滑脂的部件位置。

(2)对需加润滑脂的部件加注润滑脂。检查发动机油底壳等部位的润滑油量，并注意润滑油温度调节开关同当时气候的对应关系。

(3)检查轮胎气压及前轮前束是否符合规定。

(4)检查传动带松紧度。

(5)检查拖拉机零部件是否完好。

(6)加注燃油和冷却水。

(7)检查发动机、变速箱、后桥、分动箱、最终传动、前驱动桥、转向器及提升器内的油位，不足时添加。

(8)检查电器线路连接是否正确。

(9)各操作手柄均置于空挡位置。

417.拖拉机磨合过程及磨合项目有哪些?

(1)发动机空转磨合。发动机转速由低到高,分别在低速、中速、高速下运转10~15分钟。随时注意观察发动机声音、气味和排气等方面的情况,如有异常立即停机检查。

(2)液压系统的试运转。发动机空转磨合后,即可进行液压系统的试运转,一般运行1~2小时。

①接合液压油泵,在未连接农具的情况下,推动各液压控制手柄试验各升降动作是否正常。

②挂接农具后,在发动机以中、高速运转时,操纵液压控制手柄,使液压提升臂升降若干次(次数在20次以上),观察动作是否平稳,各连接处是否漏油;对于分置式液压系统,分配器在"提升""浮动"位时,控制手柄应能可靠地定位;液压系统在30分钟试运转过程中,液压油温度不得超过50摄氏度,若发现异常,应在技术人员指导下进行维护。

(3)拖拉机空行试运转。空行试运转时间一般为每个挡位1小时,注意观察、检查。

①注意有无异常声音和不正常的气味以及过热等现象,随时观察各仪表读数是否正常。

②检查离合器和制动器自由行程是否符合规定要求。

③在平坦、宽敞的地带,分别将左右转向打到位,检查左右转向角是否一致;在视野开阔,道路平直路面,在规定的行驶速度下,检查左右制动器制动效果是否一致,不一致时应及时调整。

②检查电气设备的工作情况。

(4)拖拉机负荷试运转。负荷试运转时,先在小负荷状态下进行,由低挡到高挡,每挡位工作1~2小时;再在中负荷状态下进行,由低挡到高挡，每挡位工作1~2小时；最后在满负荷状态下，由低挡到高挡，每挡位工作1~2小时。同样，要随时注意听、看、闻、摸，注意拖拉机工作情况，发现异常，立即停机检查，排除故障。拖拉机试运转结束后，必须更换全部润滑油，清洗润滑系，并做全面检查和保养。

①拖拉机负荷试运转全部结束停车时，趁热放出变速箱和后桥的润滑油（将液压控制手柄放在下降位置，以便同时放出存于液压系统内的润滑油）。然后加入少量的柴油，用前进挡和倒挡各行驶数分钟，同时，使悬挂机构升降数次，清洗液压系统，将液压控制手柄放在下降位置，脱离液压油泵，放出清洗油，最后按使用说明书要求添注新的润滑油。

②发动机停止运转，趁热放出油底壳的润滑油，清洗油底壳和滤清器等，加入新的润滑油。

③趁热放出喷油泵、调速器、转向器及液压油箱内的润滑油，并用柴油清洗，然后加入新的润滑油。

④重新紧一遍缸盖螺母，使之达到规定的要求。检查或调整气门和减压机构的间隙。检查或调整离合器、制动器、转向器和前轮前束等。

⑤检查并拧紧所有连接件的紧固螺栓和螺母。

⑥对需加注润滑脂的部位全部重新加注一次润滑脂。

拖拉机上的一些重要配合件修理或更换后，可参照前面讲的拖拉机试运转的全过程，有选择地进行试运转。如更换拖拉机活塞环后，要让发动机在低、中和高速下各运转数分钟，拖拉机在各挡位下空行半小时，最后让拖拉机在50%的负荷下工作数小时。

418. 拖拉机磨合后的技术保养有哪些？

拖拉机磨合后，润滑油中含有磨合时产生的大量金属磨屑（颗粒),如果不把这些金属磨屑清洗掉,即使添加新机油,同样会造成拖拉机主要配合件早期磨损。因此,磨合后的拖拉机不能直接投入正常工作。要进行保养后才能进行正常使用。

(1)清洗滤清器、油箱、油壳、油路、水路和气路。清洗前趁热放出机油、齿轮油、液压油。

(2)按要求加水、燃油、机油、液压油、润滑脂到规格位置。

(3)检查并按规定力矩紧固主要部件的螺栓、螺母;检查前轮前束,离合器和制动器的自由行程,必要时进行调整等。

(4)检查电路。

419.拖拉机启动时应注意什么?

(1)检查拖拉机,保持"五净",即油净、气净、水净、机器净、工具净;"四不漏",即不漏油、不漏水、不漏气、不漏电;"一完好",即技术状态完好。

(2)检查润滑油和燃油是否符合规定要求。

(3)检查变速杆是否置于空挡位置。

(4)检查冷却水是否符合规定。严禁无冷却水启动,严禁冬季启动前大量加沸水,应先加70摄氏度左右的温水预热。

(5)不准用明火烤车。

(6)手摇启动要握紧摇把,发动机启动后,应握紧摇把在反推螺旋作用下取出摇把,不可用力向外拔取。

(7)使用汽油启动机启动时,绳索不准绕在手上,身后不准站人,人体应避开启动轮回转面,启动机空转时间不得超过5分钟,满负荷时间不得超过15分钟。

(8)使用电动机启动时,每次启动工作时间不得超过10秒,一次不能启动时,应间歇2~3分钟再启动。严禁用金属件直接搭火启动。

(9)主机启动后,应低速运转,注意倾听各部有无异常声音;观察机油压力和排气管排气烟色是否正常;检查有无漏水、漏油、漏气现象。

(10)拖拉机不准用牵引、溜坡方式启动。如遇特殊情况,应急使用时,牵引车与被牵引车之间必须刚性连接,保持足够的安全距离,并有明确的联系信号。溜坡滑行启动时,要注意周围环境,确保安全,并有安全应急措施。

(11)水温达到40摄氏度方可起步,60摄氏度方可作业。

420.方向盘式拖拉机行驶中如何转向?

方向盘式拖拉机在行驶中的转向是靠转动方向盘来实现的。在前进方向,方向盘向左转,拖拉机即向左转弯;方向盘向右转,拖拉机即向右转弯。方向盘转得小,拖拉机转向半径大,转弯缓慢;方向盘转得多,拖拉机转向半径小,转急弯。操作中,在拖拉机转过弯路之后,应及时将方向盘回正。拖拉机高速行驶中,转向时应减速,严禁高速急转弯,以防发生翻车事故。

421.手扶拖拉机行驶中如何转向?

手扶拖拉机的转向机构和转向原理不同于方向盘式拖拉机,它一般采用转向离合器的形式,如常见的牙嵌式转向离合器,通过切断一边驱动轮的动力来实现转向。如向左转向捏动左转向手柄,转向拨叉拨动左转向齿轮(左弹簧受压),使左转向齿轮牙嵌和中央减速齿轮牙嵌脱离,就可使左边的驱动轮切断动力而停止转动,实现向左转向。向右转向时,操作过程相似,捏动右转向手柄实现向右转向。这种转向机构结构简单,在耕作或低速行驶时,转向半径很小,操作方便。但在带挂车以较高速度行驶时,会出现下列问题:一是由于靠突然切断一边驱动轮的动力来实现转向,其转向有突发性,转向角度的大小不便掌握,完全凭机手的力量和技术来掌握;二是路面情况对其影响较大,特别是路面坡度的大小会对手扶拖拉机转向效果产生很大影响;三是当手扶拖拉机带挂车载重行驶时,由于挂车和货物的重量往往大大超过手扶拖拉机本身的重量,因此转向时要考虑挂车及载物的惯性对转向操纵带来的影响。

手扶拖拉机行驶中转向时,必须先减小油门,降低速度,正确运用转向装置和转向方法。

(1)平地转向

①平地行驶中做小角度转向,一般不必捏转向手柄,直接推动手扶把即可,这样操作易于掌握,安全可靠。

②须急转弯时,务必减小油门,降低车速。如带载重挂车时,要考虑推车及载物的惯性推力,必要时使用脚刹车降低速度,然后捏紧所需转向一边的转向手柄,实现转向。

③切忌在高速状态下立即捏转向手柄。

(2)上坡行驶

上坡转向时,操纵转向手柄时的转向效果比平地灵敏得多,所以要谨慎小心。上坡时一般速度较低,多采用间断捏动转向手柄加上推动手扶把的方法进行转向。

(3)下坡行驶

手扶拖拉机下坡时,机车重力和惯性可能成为下坡动力,此时若操纵转向手柄,切断动力一边会在重力作用下滚动得更快,导致转向手柄的反作用效果。但实际上转向手柄的作用受坡度大小、道路好坏、车速快慢、弯道缓急等多种因素影响,这种反向操作在实际中难度较大,不易判断,若判断失误,后果严重。因此,只有当下坡距离已较长或坡度较陡时,发动机声音明显减小(负荷减轻),感觉手扶把有上翘趋势,三角传动皮带上部由紧边变成松边并有明显颤抖状况时,说明机组重力和惯性力已起驱动作用,此时转向手柄应做反向操作。下坡转向操作的要点是降低车速,正常转向,尽量不使用反向操作的方法。

在上下坡时禁止同时捏死左右两只转向手柄,否则上坡就会失去动力而导致停车并倒溜,下坡会造成极危险的空挡溜坡,如在溜坡时突然放松转向手柄,在高速时则容易发生翻车,也会造成驱动轮、变速箱轴承、齿轮等机件的损坏。

严禁手扶拖拉机高速急转弯,以防发生事故。

422. 如何正确使用拖拉机制动踏板?

(1)制动器踏板行程,应按所用机型的要求调整准确,左右制动距离必须一致。左右制动间隙保持一致。

(2)注意制动器的密封性,防止机油侵入导致制动器摩擦片打滑。

(3)制动时用力平稳,制动踏板应踩到底,切忌停于中间位置,造成摩擦片打滑发热,降低制动效果和使用寿命。

(4)减速制动时。先减小油,同时间歇地踏下离合器和制动器踏板,使拖拉机进一步降低速度。

(5)下坡时制动。应提前换低速挡、减小油门,充分利用发动机产生的阻力控制车速,并适时踏下制动器踏板。

(6)紧急制动时。应立即减小油门,同时迅速踏下制动器和离合器踏板,迫使拖拉机在最短距离内停车。

(7)在泥泞路段制动时。应减速慢行,制动动作应缓和。严禁紧急刹车,以防滑溜和侧滑。

(8)从事运输作业时,左右制动器踏板应联锁成一体。制动时应先踩离合器踏板，后踩制动踏板，同时减小油门。

(9)不用制动器时，脚不要放在制动器踏板上。

423. 怎样正确使用离合器？

(1)离合器结合时要做到先慢后快，使离合器结合平稳，拖拉机起步不前窜、不冲跳，避免离合器及运动部件因突然加载而损坏。

(2)离合器分离时要迅速将离合器踏板踩到底，使离合器迅速切断动力，减少离合器摩擦片在分离时的打滑磨损，同时也避免了挂挡时的齿轮碰撞，有利于保护机件。

(3)拖拉机行驶作业时脚不要经常放在离合器踏板上，以免导致离合器半联动，造成离合器摩擦片不必要的磨损。

(4)行驶作业中不能用离合器控制车速，也不能用猛抬离合器的方法冲越障碍。

(5)临时停车要摘挡，不要用分离离合器的办法短时间临时停车。

424. 怎样正确使用拖拉机的油门？

一般情况下，改变发动机的油门位置，就改变了发动机转速，进而改变了拖拉机的行驶速度。正确使用拖拉机的油门，应注意以下6点：

(1)使用拖拉机油门时应平稳操作，根据拖拉机行驶作业负荷的大小、速度高低、道路情况适当掌握。负荷轻、路况好时，可采用高挡小油门。

(2)起步时，应在松放离合器的同时逐渐加大油门。

(3)接农具或行驶作业转弯时，不能用高速大油门。

(4)拖拉机停车，发动机空转时，不应使用大油门。

(5)车熄火时不能猛轰油门。

(6)能用轰大油门的方法作为信号或警示他人。

425. 如何正确使用拖拉机差速器锁?

当拖拉机一侧驱动轮严重打滑不能正常前进时,可用接合差速器锁的方法来解决。

(1)踏下离合器踏板,挂上低速挡。

(2)将手油门开至最大位置。

(3)踏下差速器锁踏板,缓慢松开离合器踏板,接合离合器。此时拖拉机两侧驱动轮同时转动,使拖拉机驶出打滑地带。

(4)拖拉机驶出打滑地带后,应立即松开差速器锁踏板。

注意:当差速器锁结合时,拖拉机不许转弯,否则会损坏机体。

426. 拖拉机分动器操作手柄如何使用?

四轮驱动的拖拉机在田间重负荷作业或在潮湿松软地上工作时,为了提高拖拉机的牵引力,可接合前驱动桥动力实现四轮驱动。将分动器操作手柄向上拉,结合前轮驱动力,实现四轮驱动。分动器操作手柄向下推,脱开前轮驱动力,为正常的后轮驱动。四轮驱动拖拉机在一般硬路面进行运输作业时不准使用前驱动桥,否则将使前轮过早磨损。只有在雨雪天路面滑或上大坡后轮打滑时,才使用前驱动桥。

427. 拖拉机怎样停车和熄火?

停车前,首先要到达停放农具的地点卸下农具。农具摆放好以后,再到指定的停车地点,然后减小油门降低车速,踩下离合器踏板,将变速杆拨到空挡位置,松开离合器和油门,使拖拉机向停车地点滑行,再缓慢刹车,使拖拉机平稳地停车。紧接着将变速杆放置空挡,待柴油机低速运转几分钟,使水温、机油温度降低后再熄火。非特殊情况不得突然熄火,更不能用打开减压阀的办法来熄火,以免损坏气门弹簧、顶杆等零部件。

拖拉机应停放在合适的位置，以便于每台拖拉机都能单独起动、起步和出入。停放处的地面应平坦，使拖拉机处于放平状态，以便于检查机油油面。露天停放时，要遮盖排气管口，以防下雨时进水。如果地面不平，应将制动踏板踩到底并锁住。如果坡度大，还应用三角木、石头、砖块等物将前后轮或拖车轮楔住。对已经熄火的拖拉机可挂上低挡或倒挡，以防溜滑。如果遇到特殊情况，可以采取紧急停车，即可同时减小油门、分离离合器、制动，实现停车。

428. 拖拉机超车时应注意什么？

拖拉机超车时，应提前开启左转向灯，交换使用远、近光灯或者鸣喇叭。在没有道路中心线或者同方向只有一条机动车道的道路上，后车发出超车信号时，前车在条件许可的情况下，应当降低速度、靠右让路。后车应当在确认有充足的安全距离后，从前车的左侧超越，在与被超车辆拉开必要的安全距离后，开启右转向灯，驶回原车道。有下列情形之一时不得超车：

(1)前车正在左转弯、掉头、超车的。

(2)与对面来车有会车可能的。

(3)前车为执行紧急任务的警车、消防车、救护车、工程救险车的。

(4)行经铁路道口、交叉路口、窄桥、弯道、陡坡、隧道、人行横道、市区交通流量大的路段等没有超车条件的。

429. 拖拉机掉头时应注意什么？

拖拉机掉头时应当遵守下列规定：

(1)在有禁止掉头或者禁止左转弯标志、标线的地点以及在铁路道口、人行横道、桥梁、急弯、陡坡、隧道或者容易发生危险的路段，不得掉头。

(2)在没有禁止掉头或者没有禁止左转弯标志、标线的地点可以掉头,但不得妨碍正常行驶的其他车辆和行人的通行。

430.拖拉机倒车时应注意什么?

拖拉机倒车时应注意下列事项:

(1)拖拉机倒车时,要选择宽敞平坦的地段,低速小油门倒车。

(2)倒车时,要提前发出信号,密切注意车后情况、周围环境及障碍物,确认安全后再倒车。

(3)倒车时出现主、挂车折叠现象应立即停车,挂上前进挡拉直挂车后再重新倒车。

(4)在视线不好的情况下倒车时,应有人引导。

(5)不得在铁路道口、交叉路口、单行路、桥梁、急弯、陡坡或者隧道中倒车。

431.拖拉机行驶中如何正确使用喇叭?

(1)拖拉机行驶作业中遇到行人,要及时鸣喇叭通知行人注意来车动态,自觉避让,不要横穿马路以防危险。遇到滞留在通行道路上的牲畜,也要低音喇叭,使其离开让路。

(2)行驶中遇到其他车辆可能妨碍正常行驶时,也要鸣喇叭,告诉对方注意来车,要求对方通过、避让或停车,保证超车、回车安全。

(3)遇到视线盲区,要鸣喇叭提示车辆和行人。

(4)拖拉机改变运动或停止状态时,要先鸣喇叭以引起周围人员的注意,确保要全。如拖拉机起步、停车、倒车、挂接农具、转弯等,都要先鸣喇叭。

(5)拖拉机在公路、城市街道以及其他设有“禁止鸣号”标志的区城,除特殊情况外,要尽量避免鸣喇叭。

(6)遇到行人或车辆处在极其困难条件下时，不应强行鸣喇叭要求其让路；遇到老人、小孩、牲畜群或畜力车时，应减速慢行，注意观察对方动态，适当鸣低音喇叭，防止行人惊慌或牲畜惊厥，造成事故。

432.拖拉机班次技术保养包括哪些内容？

(1)清洗拖拉机。

(2)检查柴油机油底壳机油油面高度，应在柴油机熄火70分钟后进行，必要时添加。

(3)检查冷却水箱水位，必要时添加。

(4)检查各连接部位有无漏水、漏油、漏气现象。

(5)注意气门室罩盖上的机油压力指示阀是否正常工作，工作时应升起，柴油机熄火后应落下。如不正常，应检查润滑系有无故障，并予以排除。

(6)按照说明书要求检查各润滑保养点，必要时加注。

(7)检查空气滤清器，灰尘达到积尘杯容积1/2时要倒掉。

(8)检查各部紧固螺丝是否有松动，必要时拧紧。

(9)检查轮胎气压，必要时充气。

433.拖拉机一级技术保养包括哪些内容？

(1)完成每班技术保养规定的各项工作。

(2)清洗机油粗滤器。

(3)检查变速箱油面高度，必要时添加。

(4)检查液压油箱油面高度，必要时添加。

(5)检查离合器、制动器踏板和转向盘、转向离合器的自由行程，必要时调整。

(6)液压系统中各润滑点加注润滑脂，注意要将陈旧的润滑脂全部挤出。

434.拖拉机二级技术保养包括哪些内容?

(1)完成一级技术保养所规定的各项工作。

(2)清洗柴油滤清器(纸质滤芯需更换)、机油细滤器、空气滤清器。

(3)清洗液压系统并更换液压油。

(4)在热车时更换发动机、喷油泵、调速器的润滑油。同时,更换变速箱的齿轮油,更换齿轮油前加柴油彻底清洗。

(5)检查蓄电池电解液液面高度,不足时添加蒸馏水。

435.拖拉机三级技术保养包括哪些内容?

(1)完成每班和一级、二级技术保养所规定的各项工作。

(2)彻底清洗空气滤清器、柴油粗细滤清器、燃油箱、喷油泵、调速器和润滑系统,并按规定加注油品。

(3)检查喷油器的喷射压力和雾化质量,必要时予以调整或更换。

(4)检查气门间隙,必要时予以调整。

(5)检查喷油泵供油提前角。

(6)按照说明书要求保养启动电机和发电机。

436.拖拉机在夏季如何使用和维护?

(1)清除水垢、防止水温过高。

(2)将燃油和润滑油更换为夏季用油。

(3)轮胎充气时,低于标准压力的2% ~3% ,以防爆胎。

(4)预防火灾。

(5)合理使用和存放。

(6)驾驶员注意行车前的休息。

437.拖拉机在冬季如何使用和维护?

(1)将燃油和润滑油更换为冬季用油。冬季用-10或-20号轻柴油。机油,用CF级30号。不同牌号的柴油适应的环境温度不同,0号适应的环境温度4~8摄氏度,-10号适应的环境温度-5~4摄氏度,-20号适应的环境温度-14~-5摄氏度。因此冬、夏季使用的柴油牌号不同。

(2)防冻放水。

(3)检查防冻液的冰点及液面高度。

438.拖拉机油料如何选择和使用?

(1)柴油。柴油分为轻柴油和重柴油。轻柴油用于高速柴油机,重柴油用于低速柴油机。拖拉机一般使用轻柴油。

轻柴油按凝点分为:+10号、0号、-10号,-20号、-35号、-50号6种。拖拉机使用油料按气温选用,一般牌号比当时最低气温低5~10摄氏度,如气温为15摄氏度,可选用+10号柴油。

(2)机油。柴油机机油按100摄氏度时的运动黏度分:有20(HCA-8)号、30(HCA-11)号、40(HCA-14)号、50(HCA-18)号4种,油号越高,黏度越大。一般小功率柴油机冬季用20号、夏季用30号。大功率柴油机冬用30号、夏用40号。

(3)齿轮油。拖拉机用齿轮油一般为20号、30号2种。冬、春季用20号、夏、秋季用30号。

(4)润滑脂。常用的润滑脂(黄油)有钙基脂、钠基脂、钙钠基脂及锂基脂等。钙基脂耐水较好,但耐温性较差,一般用在农具保养中;钠基脂耐温性较好,但耐水性较差,一般用在不与水接触的部位轴承润滑;钙钠基脂有较好的耐温性和耐水性,在一定范围可以代替钙基脂和钠基脂;锂基脂具有良好的使用性能,但价格较高,多用在重要部位或难以保养的轴承润滑。一般夏、秋季用3号或4号，冬春季用2号或3号，也可根据使用说明书选择使用。

439.怎样清除拖拉机水箱里的水垢？

拖拉机发动机工作一定时间后，冷却系中会积存有水垢。水垢沉积在水箱、缸盖水套和缸体水套上，因水垢的导热性能差，影响散热，会导致发动机机体过热，动力下降，油耗增加。因此，必须在拖拉机发动机工作50~1000小时后，清洗水箱、缸盖水套和缸体水套，以便清除水垢和泥沙。

清洗拖拉机发动机水垢应到专业清洗点清洗，也可自行清洗，清洗的方法是：

拖拉机行驶作业结束后，在水温70摄氏度时趁热放冷却水，取出节温器，关闭放水开关，将清洗液加入冷却系统中，启动发动机使其空转约10分钟，保持10小时后，启动发动机运转约半小时，再停车放出清洗液。然后加入清水，运转发动机约10分钟进行清洗，此次反复2~3次，直至放出的水清洁为止。

清洗液可以到拖拉机专业清洗或维修点购买，也可以配制。在10千克水中加入0.15千克煤油、0.75千克烧碱混合使用，或者用1.7千克酸磷酸、0.5千克铬酸酐加入9千克水搅拌均匀后使用，也可用1千克工业盐酸（浓度35%左右），加水配成8%~10%的稀释液清洗水垢。

如果发动机气缸盖是铝合金，或水箱盖是铝制造的，则应用水玻璃0.15千克、液态肥皂0.02千克，配置成清洗液使用。

440.怎样延长拖拉机轮胎使用寿命？

在平时的农机生产作业中，经常注意保护好拖拉机轮胎，可以延长拖拉机轮胎使用寿命。保护拖拉机轮胎应做到以下10点：

(1)保护胎面清洁。不要使轮胎沾染上各种化学物质。严禁使用废汽油刷洗轮胎,避免橡胶老化龟裂。

(2)要及时除掉嵌挤在轮胎花纹处的石子、铁钉、碎铁角等物。驾驶时须留心道路上的石块、铁器和火堆,要避开尖锐的东西,以防刺破轮胎。

(3)在留茬地作业时尽量走垄沟,避免作物硬茬扎伤胎面。

(4)不要高速冲越沟、岗、埂、坨,作业时要避开陷坑,尽量防止轮胎打滑。

(5)拖拉机起步、换挡、转向时要平稳,不要猛起步,不要高速转弯,尽量少用制动器,无特殊情况不要急刹车,以减少胎面的急剧磨损和与地面的磕碰。

(6)根据轮胎使用时间和磨损程度,将左右轮胎对调换边使用。

(7)定期检查和调整前轮前束,以减轻行驶阻力和轮胎磨损。

(8)重车较长时间停放时,应支起车架,并保证轮胎气压符合规定要求,避免轮胎受压变形。

(9)不超载行驶作业,货物装载要均衡,使重量均匀分布在各轮胎上。

(10)机车长期停放时,应避免轮胎直接受到紫外线照射,可用遮盖物进行遮盖保护。

441.如何保护拖拉机的行走系统?

拖拉机使用过程中,要经常注意检查保养行走系统。做好以下5方面工作:

(1)检查和调整前轮定位。拖拉机的前轮外倾过大、前束很小时,行走中易造成偏磨。其原因主要是前轴轴承和轴套受冲击而变形,或前轴伸缩套筒紧固装置松动,这都会使前轮定位角发生变化,从而引起不正常的磨损。因此,在使用过程中一定要经常检查前轮的定位角度是否适中,并调整好前束。

(2)正确操作,谨慎驾驶。拖拉机在行走中,应注意不高速穿越障碍物,不在重负荷的情况下急转弯;在凹凸不平的道路上要低速行走,尽量避免紧急刹车;在负重爬坡或在泥泞的道路上行驶时,不能使行走系统严重打滑。

(3)注意作业条件。拖拉机在低洼的水田中作业时,要尽量避免陷车,陷车后要采取牵引和推行的方法排除,切不可用加大油门、猛抬离合器的方法使驱动轮空转。在根茬尖锐和留茬较高的旱地中作业,要防止轮胎被扎和转轴被作物秸秆缠绕。

(4)及时清洗保洁。拖拉机作业结束后,要及时将轮子及履带上沾染的污泥清除(清洗)掉,使行走系统保持洁净,尤其是支重轮(链式拖拉机)的端面油封装置要及时清泥、检查和保养。此外,还要注意勿让油、酸、碱等腐蚀性物质玷污橡胶轮胎。

(5)保持正常的轮胎气压和履带张紧度。使用拖拉机之前,要认真检查轮胎的气压是否正常(运输作业时可略高些,田间作业时要偏低些;冬季可略高些,夏季要偏低些),以免引起瘪胎或爆胎。履带过松或过紧,都易引起履带板、履带轴及轮子加速磨损,加大行走阻力,故一定要保持适宜的张紧度。

442. 拖拉机前轮前束怎样检查和调整?

拖拉机前轮前束调整不当、转向操纵系统间隙过大,会使拖拉机导向轮失去稳定性,容易左右摇摆,增大轮胎的磨损。拖拉机的前轮并不与地面垂直,其上端略向外倾斜,称为前轮外倾,其前端略为向里收拢,称为前轮前束。各种拖拉机的前轮前束值不完全一样。

(1)前轮前束值的检查。将拖拉机置于水平地面上,使前轮摆正,在与前轮轴相同的高度上,分别测出轮胎前端水平距离和后端水平距离的差值,即为前轮前束值。若超出规定范围,就需要进行调整。

(2)前轮前束值的调整。当前轮前束值不符合规定时,应根据不同机型的结构进行调整,方法是:松开横拉杆两端的锁紧螺母,转动横拉杆,改变拉杆长度,使之达到规定值,然后拧紧螺母。

443.怎样排除拖拉机前轮"摆头"?

前轮摆头是拖拉机的常见故障,由于其技术状态和工作状态条件不同,造成前轮摆头的原因和排除方法也不同。拖拉机前轮摆头,不仅会加剧轮胎和转向系相关机件的磨损,而且会降低拖拉机转向的灵敏度,容易酿成事故。造成拖拉机前轮摆头的原因和解决方法是:

(1)前轮前束失调,调整前轮前束到规定值。

(2)转向器轴向间隙或传动副啮合间隙过大,方向盘自由行程大于规定值,调整方法是转动转向器上的调芯盘来实现,转向器轴向间隙过大可通过减少转向体壳的垫片来排除。

(3)前轮锥形轴承间隙过大,调整到规定值。

(4)前轮钢圈螺母松动,应紧固。

(5)各球头销的配合间隙过大,更换球头销及上下座。

(6)转向节主销衬套磨损,应更换。

(7)摆销轴及摆销磨损,须更换。

(8)每班工作完后要向转向机构各黄油嘴注足黄油,二级保养(500小时)给前轮轴承加注黄油。

(9)经常检查转向机构及前轮紧固情况,如发现松动及时紧固。

(10)方向盘操作要柔和自如,不要用猛力拧动,不要死打方向盘。

444.如何预防拖拉机发动机烧瓦?

(1)保持发动机有足够的润滑油,经常检查油管接头、放油螺塞、散热器油管,防止漏油。

(2)使用符合要求规格的润滑油,防止润滑油中混入柴油和水,造成润滑不良。

(3)按规定保养润滑系统,清洗过滤器、机油泵、滤网和油管,防止油路被杂物、油泥堵塞。

(4)检修拖拉机时,应仔细检查机油泵及传动机构零件的技术状态,要求转动灵活、可靠,做到正常供油。

(5)定期检查轴瓦间隙,保证轴瓦间隙符合要求。

(6)作业中随时注意机油压力,如压力不足或没有压力,应停车查明原因,排除故障。

(7)如发动机工作无力,有异音,冒黑烟,“缺缸”,甚至突然熄火,要立即检查润滑系统。

(8)防止发动机烧瓦,就一定要保证发动机水温正常、更不能缺水、开锅。发动机水温高,润滑油的黏度就小,润滑就不可靠,就容易发生烧瓦现象。

445.发动机“拉缸”“粘缸”的预防措施有哪些?

发动机“拉缸”,是指气缸内壁在活塞的运动范围内,出现明显的机械划痕和刮伤,严重时形成熔着性磨损,即活塞金属与气缸壁粘连、熔接在一起,形成“粘缸”,导致发动机难以启动或者自行熄火。“拉缸”、“粘缸”是拖拉机发动机的严重机械故障,应严加预防。

(1)合理操作发动机,启动前应摇转曲轴十多圈,使气缸壁上布满润滑油膜。避免长时间超负荷运转,不要乱轰油门。

(2)对新机和大修后的发动机,一定要先经过磨合,即按《使用说明书》的规定,在保证良好润滑的条件下,按照"转速从低到高、负荷从小到大"的原则,认真按照规程进行磨合操作,并经过检查、调整、清洗和更换润滑油以后,才能投入正常的负荷运转。在磨合期的运转中,不要随意增加负荷、提高速度。

(3)避免发动机过热,这是防止发动机"粘缸"的关键所在。因此,应当注意以下3点:①要正确调整冷却风扇传动带的松紧度,防止传动带折断,检查节温器的工作状态,定期清除冷却系统的积垢,总之,要保持冷却系统良好的工作状态,使冷却液温度维持在70~95摄氏度。②冬季启动前,应对发动机采取必要的预热措施。③当高温并缺水的情况下突然熄火时,要及时用手摇柄摇转曲轴和活塞,直到机体温度有所降低,防止活塞与气缸壁黏结在一起。

(4)保养好空气滤清器,严防灰尘进入气缸内。

(5)润滑系统工作良好。维护好润滑系统,防止机械杂质和积炭混入机油中,消除气缸壁的磨料磨损。

(6)不缺冷却水,冷却系统工作正常,严禁脱水运行。每天作业前应检查和加注冷却液,不能先启动发动机后加冷却液。要特别警惕拖拉机在满负荷作业中,发生水泵轴突然断裂、放水开关脱落、散热器漏水等现象。

(7)不要超载。当发动机温度升高,出现有降速和熄火的趋势时,决不能再加大油门提高转速,应当立即卸载负荷,降低发动机转速,但不能让发动机熄火,否则就可能产生"粘缸"或"拉缸"事故,待温度下降后再慢慢将速度提高。

446. 为什么冬天停车时要放掉拖拉机的冷却水?

冬季天气寒冷,特别是西北地区,拖拉机过液、露天存放或长期不用时，拖拉机冷却系统里的水到0摄氏度以下时，就要结冰使体积膨胀，会把散热器、水箱、水套、气缸盖胀裂，有些驾驶员停车后往往忽略放掉冷却水，造成拖拉机机件因冻裂而损坏，所以拖拉机驾驶员要养成冬季停车放水的习惯。如果嫌放水麻烦，则要加防冻液。

447. 向拖拉机加注冷却水时应注意什么？

(1)加入拖拉机发动机的水应该是软水，如雨水、雪水。软水含矿物质少，但不易获得。通常使用的井水、自来水含矿物质较多，属硬水，长期使用会产生大量水垢，使发动机过热，应将硬水处理成软水再加入，方法是将井水、自来水烧开，沉淀后再使用。

(2)根据热胀冷缩的原理，热车加入冷水时要缓慢加入，防止缸套炸裂。

(3)冬季启动拖拉机时，因室外温度低，须加注热水，但要注意加热水时要缓慢，或分几次加入，同时用热水冲浇喷油泵、机油滤清器等部位，以提高拖拉机发动机温度，有利启动。

448. 如何正确使用和保养拖拉机蓄电池？

蓄电池的寿命与使用保养有着密切的关系，使用维护不当，会造成蓄电池早期损坏，给拖拉机启动带来困难。因此，认真做好蓄电池的使用保养工作是十分必要的。

(1)经常保持蓄电池的清洁。蓄电池外表面上溢出的电解液、泥土、灰尘等会引起短路放电，必须擦干净。要经常保持蓄电池清洁，不使表面有灰尘，每月应用20%的碱水洗刷以次，洗后用干净布擦干。洗前要把注液盖拧紧，以防杂质、污物进入电解液中。极桩和接线夹头应保持清洁，接触良好，并涂上凡士林或黄油，以防氧化。蓄电池盖上的通气孔要保持畅通，以免气体膨胀使蓄电池壳体破裂。

(2)蓄电池安装时必须紧固可靠。并且要用胶皮、毛毡等作为防震垫,以免行车时受到强烈震动,以防极板、绝缘板、导线松脱或震裂电池壳体。当发现壳体破裂或电解液渗漏时,应及时修理。蓄电池的连接线必须连接牢固可靠,接触良好,以免打火。

(3)蓄电池不宜过量放电,启动时间不应超过5秒,如一次不能启动,应休息10~15秒后再次启动,连续3次启动不了,应检查发动机其他部位有无故障。

(4)定期检查电解液液面高度。检查液面高度时,应用两头开口的玻璃管,严禁使用密封器具。液面不足时,应及时添加蒸馏水(尤其夏季),当电解液渗漏或溢出时,应添加原比重的电解液。添加蒸馏水后,应启动发动机进行充电,以使电解液混合均匀。禁止添加河水、井水、泉水、自来水等。

(5)检查蓄电池存电情况。应用电解液比重计或放电叉测量。如无上述仪器也可以通过喇叭的音量或灯光的亮度来检查。禁止用短路放电看电火花大小来检查的方法,以防蓄电池大量放电,严禁把可导电的工具和物件放在电池上,以防短路损坏蓄电池。

(6)蓄电池盖上不要用脚踩、堆放杂物,更不要把工具或其他金属物放在蓄电池上,以免造成短路。

449.拖拉机发动机转速不稳怎么办?

拖拉机发动机转速不稳是因为喷入气缸中的燃油量、喷油时间和燃油雾化情况发生改变,不稳定而引起的,影响因素主要有:

(1)调速器滑盘、钢球、调速杠杆等磨损严重,使各部分运动不灵活。

(2)油路中有空气或堵塞物,造成油路不畅通。

(3)柱塞在柱塞套中转动不灵活。

(4)出油阀副磨损或密封不严。

(5)油嘴磨损,使喷雾不良产生后滴,针阀运动发卡。

拖拉机发动机出现转速不稳现象时,可以通过改变调速手柄位置来判断故障大约出现在哪个地方。如果低速不稳,则多为出油阀副、柱塞副、喷油嘴偶件磨损,调速器各运动摩擦处磨损;如果高速不稳,则多为调速器滑盘边缘出现严重不规则磨损所致;如果高、低转速都不稳,则可能使调速器钢球磨损失圆,调速杠杆松动以及出油阀弹簧变形等。根据分析判断的原因,采取相应方法予以排除。

对调速器磨损的,可予以修复,必要时更换新件。

对燃油供给方面的原因,在检查油路无故障后,对燃油供给系统三大偶件予以修复或更换。

450. 如何选择拖拉机的行驶路线和行驶速度?

(1)行驶路线。行驶路线是否合理,对拖拉机轮胎、机架等机件的使用寿命和燃油的消耗影响很大。拖拉机行驶时,应尽可能保持直线行驶,不要无故左右摆动;避让障碍物时应提前打方向予以避让,不可骤转方向;路面宽且平坦时,应靠右侧行驶;路面窄但能见度较好,判断不会出现会车或超车的情况下,可在道路中间行驶。

(2)行驶速度。选择拖拉机的行驶速度,除考虑道路条件、农业技术要求外,还需考虑拖拉机负荷变化情况,使发动机有一定的动力储备。一般情况下,拖拉机田间作业选择Ⅱ、Ⅲ、Ⅳ挡;运输作业用Ⅴ、Ⅵ挡;Ⅰ挡为储备挡,除在特殊情况下使用外,一般不使用。当拖拉机负荷较轻而作业速度受到作业要求限制不能太高时,可选用高挡小油门,以节省油料。若发动机出现声音沉重,转速下降,冒黑烟时,表明发动机超负荷工作,应降低挡位再行驶作业。

拖拉机的行驶速度对驾驶员的视觉、心理、行车安全、燃油消耗影响很大。随着速度的提高,驾驶员的视觉明显变得模糊,视野变窄，精神上的紧张程度也越来越强，发生事故的概率随之增大，驾驶员应综合权衡自己的车型、道路、气候，挂车载重情况以及过往车辆、行人情况，确定合适的车速。首先应尽量保持车速均匀，不能时快时慢；通过桥梁、铁路、隧洞以及会车时，均需提前减速；通过房屋、居民区、路口、岔道时，应减速慢行，并应密切注意车马、行人动态，提高警惕；如遇凹凸不平的坑洼路面时，要降低车速，保持正确的驾驶姿势，尽量不使身体随车跳动，以便稳住油门，保持拖拉机平稳行驶。在考虑经济车速的同时，一定要更加重视安全行驶速度，严格遵守交通法规的限速规定，一般大、中型拖拉机正常行驶速度在每小时20千米左右，最高车速应控制在平稳行驶而不发生摇摆的范围内，一般不超过每小时30千米。严禁采用改装调速器等方法来提高车速。

451.拖拉机液压悬挂系统的分类与作用有哪些？

在拖拉机上，用液压提升并操纵农具的整套装置叫作拖拉机液压悬挂系统，根据液压系统原件在拖拉机上的布置方式，拖拉机液压系统分为分置式、半分置式和整体式3类。液压泵、分配器、液压油缸等液压原件分别安装在拖拉机的不同部位上叫分置式，液压油缸单独安装的叫半分置式，液压原件等装在一个壳体内的叫整体式。其主要作用是用来操纵农机具的升降、控制农机具的耕作深度、控制农机具的下降或入土速度、液压输出等。拖拉机的使用过程中，必须重视液压系统的正确使用，避免错误操作引起拖拉机液压系统及其零部件的损坏，以充分发挥拖拉机的效能，更好地为农业生产服务。

452.拖拉机挂接农具时应注意哪些事项？

(1)作业机具要达到“三灵活”(操作灵活、转动灵活、升降灵活)，“五不”(不松旷、不钝刃、不变形、不锈蚀、不缺件)，“一完好”(技术状态)。

(2)起步挂接前要发出信号,注意观察周围有无小孩、闲杂人员,确认安全时方可挂接。

(3)挂接农具须用低挡小油门,辅助人员应尽量避开拖拉机和挂车之间易碰撞和挤压的部位;对拖拉机和农具挂接点前、后、左、右空间位置的判断要准确。

(4)拖拉机和农具连接要可靠,牵引销轴要用锁销锁住,必要时加装保险链(可用钢丝绳代用)。

453. 拖拉机挂接农具的操作步骤?

(1)连接农具时,要驾驶拖拉机缓慢而平稳地向悬挂农具倒退并与其平行,当接近农具时,一定要注意安全。挂接时先连接左下拉杆,再连接右下拉杆,这样可以伸长或缩短右提升杆的长度,便于连接。然后连接上拉杆,并调节至适当长度,最后各用锁销锁住。连接过程中,应避免用锤子敲击,以免把表面打毛,使下次连接困难。

(2)确认挂接可靠后,再检查农具的升降是否正常。

454. 拖拉机配套农机具安全使用要点有哪些?

(1)拖拉机带动农具作业时,应使发动机处于80%左右的负荷下作业为宜,发动机要有一定的功率储备,不能超负荷运转。

(2)当拖拉机动力输出轴带动作业机工作时,拖拉机不能急转弯,以免损坏万向节。

(3)当农具工作部件入土未提升前,拖拉机不能倒车、不能急转弯,以免损坏农具工作部件。

(4)当拖拉机倒车时,农具和拖拉机之间不能有人。

(5)田间转移时,应将农具调整到运输状态,严禁高速行驶和急转弯。

(6)拖拉机在田间作业行驶中,严禁用手脚清理机具上的泥土、杂草和排除故障。停车检修时,应把农具放下,处于降落状态。

(7)拖拉机在田间作业时,驾驶员不能离开座位,任何人不得随意上下拖拉机。不允许拖拉机和农具上坐人。

(8)拖拉机在田间过小沟及其他障碍物时,必须减小油门或换低挡,不允许用离合器来控制车速,也不允许用猛抬离合器踏板的方法冲越障碍。

(9)拖拉机进行收割或场院作业时,排气管要安装火花熄灭器。

455.拖拉机冬季使用应注意哪些事项?

(1)做好换季保养工作。入冬前,要对拖拉机各部位进行除垢、清洗、调整和润滑,气门间隙、喷油压力、喷油提前角等技术指标要调整到规定范围,气门间隙过大过小、喷油压力不够、供油时间过晚都会造成拖拉机启动困难。此外,还要对离合器、制动器和操纵机构进行全面调整,确保拖拉机处于良好的技术状态,为安全作业打下良好的基础。

(2)正确使用燃油。拖拉机的燃料用油多为柴油,一般可分为20、10、0、-10、-20、-35等几个牌号。冬季选用柴油时,应该根据当地的气温条件确定,一般选用凝固点低于当地最低气温5~10摄氏度的柴油,如当地最低气温为-5摄氏度时,可选用-10号柴油;最低气温在-10~-5摄氏度时,可选用-20号柴油。

(3)及时更换润滑油。冬季由于气温较低,机油黏度增大,流动性变差,启动阻力增加给启动和润滑带来困难,所以要及时把夏季用的11号机油改为冬季用的8号机油。变速箱和后桥内的润滑油要由夏季用的30号换成20号。

(4)正确预热。严寒季节,拖拉机经常会启动困难,因此,启动前要充分预热。首先用80摄氏度左右的热水预热。第一次不能用太热的水，以免机体、缸盖等部位遇到高温骤热而炸裂。加水时，打开放水开关，直到机体放水水阀流出温水为止，关上放水阀，加满热水。气温特别寒冷时还要对机油进行预热。把停车时放出的油底壳内的机油盛在容器内用热水加温后再注入油底壳，并摇转曲轴数十圈，使各部分得到充分润滑后再启动。严禁明火烤车。

(5)正确启动。在无冷却水的情况下启动，可能使活塞、缸套拉伤。不能用牵引或者溜坡的方式启动拖拉机。启动后不要马上投入作业，应该低速运转一段时间，使发动机充分预热，待水温达40摄氏度以上方可起步，水温达60摄氏度才能负荷作业。

(6)保温防冻。在严寒的冬季要对拖拉机采取保温措施。如在发动机上盖保温帘、保温套，必要时在拖拉机散热器前加挡风帘，以减少冷空气的进入，或适当调松风扇皮带，降低风扇转速。装有机油散热器的发动机应把开关扳到“冬”字位置，使机油不流经机油散热器。

(7)蓄电池的使用。冬季启动困难，电启动持续时间不得超过5秒，一次启动不着，应间歇半分钟再行启动，三次启动不着应检查原因。冬闲不用时应把蓄电池卸下，充足电，存放在干燥、通风温度变化不大的地方，并每月检查一次，电量不足要进行补充充电，以延长蓄电池的使用寿命。

(8)注意防滑。冬季路面积雪、结冰时，轮胎附着性变差，容易打滑。因此，在冰雪路面行驶时，行驶速度应适当放慢，匀速行驶，避免紧急制车，备好三角垫木等防滑设备。两车之间的距离应加大到正常距离的2倍，会车时应保持较大的横向间距，防止侧滑撞车。上下坡时应选用抵挡，保持车速均匀，中途禁止换挡，以免操作不当引起下滑。

(9)安全停放。拖拉机应尽量停放在车库内,这样既可防止风吹、日晒、冰冻和雨雪侵蚀,又可有效降低被盗的风险。行驶作业中途停车时,应选择好停车地点,宜选择在平坦、干燥、朝阳之处停车,避免拖拉机溜滑或车胎冻结于地面。若预计停车时间较长时,亦应放净冷却水,以免水在机内结冰而损坏机件。未加防冻液的拖拉机夜间停放时,应放尽冷却水,以防冻坏缸体、缸盖等。放水应在作业完毕后待水温降至60~70摄氏度时进行。拖拉机放尽冷却水后,应设置"无水"标志或挂上"无水"牌。

456.拖拉机夏季使用应注意哪些事项?

(1)正确选用油料。夏季气温高,可用凝点较高的柴油,并要保证供油提前角的正确性。还应特别注意防止供油系统漏油,因为漏油不仅造成浪费,而且还可能引起火灾。选用适合夏季使用的润滑油,一般北方地区夏季可选用11号柴油机机油,南方选用14号柴油机机油,以保证润滑油有足够的黏度,减少机件的磨损。并及时调换润滑油散热器换向阀位置,夏季作业时,应把换向阀转到使润滑油通往散热器的油道打开的位置,使润滑油散热,保持润滑油的正常温度。润滑脂也应按规定选用夏季用的牌号。

(2)应经常注意往水箱里加水,因夏季机车升温快,冷却水损耗多,水箱易"开锅",更容易生成水垢。水箱"开锅"时,应谨慎处理,使发动机低速运转一段时间,打开散热器盖,放出热气,待水温下降后再缓慢加入冷水。不要马上加冷水防止发动机有关部件产生应力集中而炸裂。在打开散热器盖时,应站在上风位置,脸不要朝向加水口,以免被喷出的高温水气烫伤。夏季到来之前还应对冷却系统进行彻底的除垢清洗,使水泵和散热器水路畅通,保证冷却水的正常循环。散热器表面黏附有杂草等物时也要及时清除干净。

(3)拖拉机长时间连续工作时,要适时停车检查轮胎的温度以及水温、油温、机温,待温度下降后再作业。注意轮胎充气压力,一定要保持在规定范围内。不要把拖拉机长期停放在阳光下曝晒,以防轮胎过热而爆炸。防止漏水。因热胀冷缩的原因,夏季冷却系统易漏水,漏水多发生在水泵轴套处,此时将水封压紧螺母适当拧紧,如无效,表明填料已失效,应及时更换,填料可用涂有石墨粉的石棉绳绕成。

(4)注意皮带的张紧度。风扇皮带过松,易打滑,使风扇和水泵的转速下降,风力不足;风扇皮带过紧,则轴承负荷过大,使磨损加剧,功率消耗增加。一般要求是:用拇指在皮带中部按压时,皮带下垂量应在10~15毫米,过松或过紧都应及时调整。

(5)正确使用调温装置。调温装置有自动式(如节温器)和手动式(如保温帘和百叶窗)2种。有的驾驶员认为夏季天热,水温越低越好,常将节温器拆去;这样做,在冷车启动时,将大大延长发动机的预热时间,加速零件的磨损。因此,在夏季也不应把节温器拆下。保温帘和百叶窗用来调节通过散热器风量。夏季一般可不用保温帘,百叶窗也应放在“开”位置。

(6)注意蓄电池的保养。夏天,蓄电池电解液中水分容易蒸发,应注意液面的检查,正常液面应高出极板1~15毫米。蓄电池的电解液密度应按规定调小。加液口盖上的通气小孔要多加疏通,暂时不用的蓄电池要存放在阴凉通风的地方。避免蓄电池曝晒,电解液温度太高,极板容易产后翘曲变形,使活性物质脱落,木隔板受到损坏。

(7)防燃油气阻。温度越高蒸发越快,越容易在油路中形成气阻。因此,夏季应及时清洗燃油滤清器,保持油路畅通;行车中可将一块湿布盖在燃油泵上,并定时淋水以保持湿润,减少气阻的产生。

一旦燃油油系产生气阻，应立即停车降温，并用手油泵使油路中充满燃油。

(8)防发动机爆燃。发动机因过热产生爆燃，会使气缸上部的磨损增加3~5倍；因此，要彻底清除燃烧室、气门前头等处的积炭，并检查调整供油量和供油时间，以防爆燃。

457. 拖拉机牵引其他车辆时应注意什么?

(1)被牵引的车辆除驾驶人外不得载人，不得拖带挂车。

(2)被牵引的车辆宽度不得大于牵引机动车的宽度。

(3)使用软连接牵引装置时，牵引车与被牵引车之间的距离应当大于4米、小于10米。

(4)对制动失效的被牵引车，应当使用硬连接牵引装置牵引。

(5)牵引车和被牵引车均应当开启危险报警闪光灯。

(6)转向或者照明、信号装置失效的故障车辆，应当使用专用清障车拖拽。

(7)前车起步前要发出信号通知被牵引车，起步要平稳，待牵引绳拉直后再加速，行驶速度要保持均衡，不得忽快忽慢。

(8)上坡前要降低车速，避免上坡途中换挡，下坡时适当加快车速，以免牵引绳过松，后车不易控制。转弯时要慢，尽量转大弯。

(9)停车时要选择宽敞平坦的路段，事先给后车发出信号，然后减速缓慢制动靠右停车，非特殊情况严禁急刹车。

(10)后车要保持牵引绳拉直，如牵引绳松时应点刹车调整。

458. 拖拉机固定作业时应注意什么?

(1)发动机启动后，必须低速空运转预热，待水温升至60摄氏度时方可负荷作业。

(2)使用皮带轮时，主从动皮带轮必须在同一平面，并使传动皮带保持合适的张紧度。

(3)使用动力输出轴时,动力输出轴和后面农具间的联轴节应用插销紧固在轴上,并安装防护罩。

(4)经常注意观察仪表、水温、油压、充电线路是否正常。

(5)发动机冷却水箱"开锅"时,须停止作业使发动机低速空转,但不准打开水箱盖,不准骤加冷水。

(6)发动机工作时出现异常声响或仪表指示不正常时,应立即停机检查。

(7)动力机停机前,应先卸去负荷,低速运转数分钟后再熄火。不准在满负荷工作时突然停机熄火。

(8)检查、保养及排除故障时,必须先切断动力,熄火停机进行。

(9)严禁超负荷作业。夜间作业照明设备必须良好。

459. 拖拉机田间作业注意事项有哪些?

(1)应事先勘察,熟悉道路、地块和地形,作业前平好沟坑,对有危险的障碍(如枯井、墓坑、崖边),应在其周围设立醒目标志。夜间作业要灯光齐备。

(2)农具操作手应坐在规定位置,并和拖拉机驾驶员协商好联络信号。农具上不准超坐人员。

(3)驾驶操作人员应该有充足的睡眠,严禁在作业区内睡觉。

(4)机具运转中严禁操作人员跳上跳下、清除泥土、排除故障、闲谈、打瞌睡及做其他有碍操作的事。

(5)地头转弯时,必须先升起农具,禁止不升农具硬转弯。为了减少地头宽度可以采用单边制动。

(6)拖带农具时不准高速行驶和转急弯。

(7)收获作业时,拖拉机排气管口要装有火星收集器。

(8)应根据柴油机的负荷情况,选择合适的耕地速度,并保持其稳定;不要忽高忽低,以免影响作业质量。保持正常的柴油机声音和排气管所排气体的颜色,防止超负荷作业。

(9)随时注意柴油机冷却水的温度和机油压力等是否正常。发现异常情况,应立即停车检查,排除故障后才能继续工作。在作业过程中,千万不能有侥幸心理而使拖拉机"带病"作业,这样做很容易酿成重大事故。

460.为什么拖拉机排气管会冒黑烟?如何解决?

保证柴油和空气在一定压力下,定时、定量、均匀地进入气缸并完全燃烧,是对拖拉机发动机工作的根本要求。拖拉机排气管冒黑烟,功率不足的原因一是供油状况不佳,如雾化程度不良,柴油在气缸内燃烧不完全、不彻底;二是空气供应不足;三是燃油泵或相关传动部件有严重磨损。

出现冒黑烟、功率不足,解决方法:

(1)喷油嘴针阀偶件卡滞使燃油雾化不良;喷油嘴严重磨损、滴油或积炭;供油量过大;供油提前角过小或燃油质量不合格,温度高或黏度大等。解决方法:一是在使用中保持柴油的清洁和正常供给;二是更换磨损、积碳严重的喷油嘴,使喷油嘴雾化良好;三是正确调整喷油时间和压力,并保证其喷雾和射程合适;四是换用质量合格的燃油。

(2)空气滤清器滤芯堵塞或气门间隙调整不当。由于柴油机长期在恶劣的环境中工作,尘土沉积在滤芯上导致堵塞,空气进入气缸时受阻,进气量减少,导致燃烧不完全。应清洗或更换同一型号的空气滤芯。如属气门间隙调整不当,则应调整气门间隙到规定值。

(3)喷油系严重磨损。通过调整间隙或更换新件来解决。

拖拉机冒黑烟还有一个原因:就是指拖拉机超载超速运行,使发动机负荷过重,燃烧不完全。解决办法是减轻拖拉机负荷,运输作业时按核定的载重量装载。

461.为什么拖拉机排气管会冒白烟?如何解决?

发动机冒白烟,是燃油没有完全燃烧表现。产生的原因主要有:

(1)喷油器雾化不良或滴油使部分集油燃烧不充分。

(2)柴油中有水或冷却水漏入气缸,气缸盖和气缸套有肉眼看不见的裂纹或砂眼,气缸垫损坏使气缸内进水。

(3)发动机机体温度不够,机温太低。

(4)气门间隙调整不当。

发动机冒白烟的解决办法主要有:

(1)清洗或更换喷油器,调整供油时间或压力。

(2)清除油箱和油路中的水分,不买低价劣质柴油,更换损坏的气缸垫、气缸套、气缸盖。

(3)保持正常的发动机温度。

(4)调整气门间隙到规定值。

462.为什么拖拉机排气管会冒蓝烟?如何解决?

拖拉机排气管冒蓝烟是由于燃烧室进入过量的机油参与燃烧所导致,具体原因主要有:

(1)活塞环与气缸套未完全磨合,机油从缝隙进入;活塞环黏合在槽内;活塞环的锥面装反,失去刮油的作用;活塞环路磨损过度或活塞环断裂,机油从开口间隙跑进燃烧室。

(2)缸套或活塞严重磨损。

(3)油底壳油面过高或空气滤清器机油太多、油底壳和空气滤清器油盆中的机油不应超过规定刻线,过多时容易吸入气缸中。

(4)气门及气门导管间隙过大,也会造成机油漏入。

(5)润滑油质量不合格,黏度过低。

解决办法主要有:

(1)新购拖拉机、大修后或新换活塞环后的拖拉机必须严格按说明书要求进行磨合,使各部件能正常啮合才能投入负荷作业;看清楚装配记号,正确安装活塞环;调换合格或加大尺寸的活塞环。

(2)修复或更换磨损严重的缸套或活塞。

(3)查清油底壳油面升高的原因,放出油底壳多余的机油;减少空气滤清器油盘内机油。

(4)更换气门导管。更换严重磨损的气门及气门导管。

(5)更换质量合格的润滑油,提高黏度。

463. 拖拉机发动机"飞车"应该怎么办?

拖拉机柴油机无负荷时超速运转俗称"飞车"。实践证明,柴油机"飞车",多数是由于使用、维护时疏忽大意造成的,也可能是燃油泵润滑油添加过多造成的。而发生"飞车"时,机手要敏捷地切断各缸供油,或使用减压机构,或迅速卸下空气滤清器,堵死进气口,迫使柴油机停车。迫不得已时,也可断然毁坏油管进行抢救。若在行车时发生"飞车",一般采取紧急制动的方法,迫使发动机熄火。

464. 拖拉机水箱"开锅"怎么办?

拖拉机在行驶作业过程中,经常会出现水箱"开锅"的现象,尤其是在夏天气温较高的环境下作业,这种现象更易发生。拖拉机水箱"开锅"后,发动机温度过高,零部件膨胀会使各部件配合间隙减小,同时温度过高使机油黏度降低,导致发动机各部件磨损加剧。若不立即做适当处理,发动机很可能烧损造成严重机械损坏事故;若处理不当还有可能造成机手烫伤。遇到这种情况,可做如下处理:

应立即停止行驶作业,将油门放到中小位置,使发动机在中速—低速运转一段时间,借助风冷尽快散热;开锅后不能立即熄火,因为熄火后风扇和水泵停止工作,发动机得不到冷却,机内温度将持续上升,轻则烧损气缸垫、水封圈,重则使活塞与气缸套卡死,引起拉缸事故发生;注意观察水温表读数,待水温降至正常行驶作业温度时,方可继续行驶作业。

发动机"开锅"后,不能突然添加或放掉水箱中的热开水,更不可在放掉热开水后立即加冷水,以防缸套和缸盖炸裂。如果缺水需要加注时,可添加热水或须待水温有所降低并在发动机运转状态下加入。

需要注意的是,打开水箱盖时,面部要尽量远离水箱口上方,以免水蒸气烫伤,也要注意防止手及手臂等部位不要被烫伤。应在旋松水箱盖(不能直接拿走),待水蒸气溢出后,打开水箱盖添加冷却水。

465. 拖拉机行驶中突然爆胎后怎么办?

拖拉机行驶中突然爆胎不要惊慌,要冷静处置,应采取以下措施:

拖拉机在高速行驶中如果发生拖拉机爆胎,尤其是前轮发生爆裂时,绝对不能踩刹车,而要尽量控制好前进方向,并松开油门让拖拉机慢慢减速,等到车速完全降下来后,再控制好方向靠道路右侧停车、检修。

466. 拖拉机行驶中转向失控怎么办?

拖拉机在行驶作业中当转向机构中有零件破裂、脱落、卡滞时,会使转向机构突然失控,致使驾驶员无法掌握方向,这是非常危险的。出现这种情况,驾驶员一定要及时发现问题、沉着冷静、不能心慌意乱。这时唯一的办法就是尽快制动减速停车，待排除故障后再行驶作业。在使用刹车的同时，应及时向其他车辆和行人发信号示警，如打开危险警告指示灯、开前照灯、鸣喇叭等。

467. 拖拉机行驶中失火怎么办？

拖拉机或装载的货物一旦失火，要马上停车熄火，切断电源，关闭油箱开关，并立即设法离开驾驶室。如果拖拉机自身着火，范围较小，可用拖拉机上现有的物品进行覆盖；如果着火面积大，又无灭火器时，应用路旁的砂土、冰雪压灭火焰或用湿水棉被、篷布蒙盖，隔绝空气使其熄灭，必要时也可求助于过往车辆，索取灭火器材；如果火情危及车上货物时，应在扑救的同时，迅速把货物卸下。但无论何种情况，都必须做好油箱的防火防爆工作。若拖拉机失火危及周围群众或会引起更大灾害时，在灭火的同时，应想方设法将拖拉机驶离失火地点，停置在空旷地带再行灭火。

468. 拖拉机行驶中制动失灵后应该怎么办？

拖拉机行驶作业中，往往突然出现制动失灵、失效等现象，对行车安全构成极大威胁，此时应沉着冷静，不要慌乱，采取以下应急措施：

(1)当出现制动失灵、失效时，应立即松油门，实施发动机牵阻制动，尽可能利用转向避让障碍物，这是最简单、快捷、有效的方法。

(2)察看路边有无障碍物可助减速或宽阔地带可迂回减速、停车；若无可利用地形，紧急情况下可越级挂到低速挡，利用变速比的突然增大和发动机的牵阻作用来遏制车速。

(3)若驾驶的是液压制动拖拉机，可连续踩制动踏板，用“点刹”的方式，以期制动力的积聚而产生制动效果。

(4)在发动机牵阻制动的基础上车速有所下降，这时可以利用换挡或拖拉机驻车制动来进一步减速，最终将拖拉机驶向路边停车。

(5)下长坡时，若采取上述各种措施仍无法有效控制车速，事故已到无法避免时，则应果断将车靠向道路一侧，利用车厢侧面与树木或其他障碍物的碰擦而停车，减少损失。

要特别记住，当出现制动失灵、失效，无论车速降低与否，操纵转向控制好拖拉机的行驶方向，规避撞车是第一位的应急措施。只有当暂时不会发生撞车事故时，才可采取抢挡、拉驻车制动操纵杆等措施。

469. 拖拉机坡道行驶时应注意什么？

(1)上、下坡前应选择好适当挡位，上坡途中不准换挡。

(2)不准曲线行驶，不准急转弯和横坡调头，不准倒上坡。

(3)下坡时不准用空挡、熄火或分离离合器等方法滑行。

(4)手扶、履带式拖拉机下坡转向或超越障碍时，要注意反向操作，防止走偏或自动转向。

(5)上、下坡途中不准停车。必须停车时，要锁紧制动器。并采取可靠的防止倒溜措施，如在车轮下支垫三角木、砖头、石块等。

(6)不准高速冲坡。

(7)上坡时距前车应保持30米以上安全距离。

470. 拖拉机在冰雪路面行驶时应注意什么？

(1)必须低速行驶，不准紧急制动、急转弯。

(2)正确使用油门，不猛轰、猛减油门，利用发动机的牵阻作用控制车速。

(3)下坡时挡位不能过低或过高。

(4)两车相距应在50米以上。

(5)任何时候都不允许脱挡滑行。

(6)在冰雪道路上停车,应选择有利于重新起步的停车地点,如停留时间较长,要注意轮胎是否会与地面冻在一起。

拖拉机在冰雪和泥泞路上行驶时,须低速行驶,不准急刹车和急转弯。

471.拖拉机在泥泞道路行驶时应注意什么?

(1)选择坚实路面或循前辙行驶。

(2)避免中途换挡和停车。

(3)遇转弯时,缓打方向,以防侧滑。

(4)遇拖拉机陷车打滑时,应停车,将车轮下的软泥土清理一下,找些树木或石块等物填在车轮下面,重新起步。

(5)如果拖拉机两边车轮的打滑程度不一样,可以锁定差速器,利用打滑程度轻的一边轮胎的附着力较大,增加拖拉机驶出陷坑的机会。驶出陷坑后,要马上分离差速锁。

472.拖拉机通过河流和漫水路时应注意什么?

拖拉机通过漫水路、漫水桥、小河、洼塘时,驾驶员须下车察明水情、水深和河床、地面的坚实性以及桥梁的宽度、承载能力,确认能安全通过后再低速通过。

473.拖拉机通过傍山道路时应注意什么?

(1)拖拉机通过傍山险路时驾驶员必须思想集中,注意观察周围情况,看是否有滑坡、滚石、塌方等,准确判断险情,随时做好停车准备,以防石块滚落或泥石流。

(2)要密切注意路边标志,牢记减速、鸣号、靠右行驶,时刻注意对面来车。在不影响对方通过或前方无车辆时,尽量靠道路里边行驶,以免临近山谷边沿压塌路肩发生翻车事故。

(3)选好合适挡位,一气通过,避免途中停车。

(4)注意装载货物、棚杆的高度、宽度,避免与崖壁刮碰。

(5)上坡途中禁止换挡,下坡禁止空挡滑行。

474. 拖拉机通过桥梁时应注意什么?

(1)事先注意观察重量限制标志所限吨位,确认能否安全通过。

(2)与前车加大行驶安全距离,依次通过,禁止超车。尽量避免在桥上换挡、制动或会车。

(3)若桥面窄或坑洼不平,应提前换入低挡,使拖拉机缓慢平稳通过。

(4)通过拱形桥梁时,上桥前要先鸣号,随时注意对面来车。

(5)洪水季节,应注意观察桥梁是否因洪水冲击而受损,以免发生事故。

475. 拖拉机通过渡口、铁路平交道口时应注意什么?

拖拉机行经渡口,必须服从渡口管理人员指挥,上、下渡船应慢行。在渡船上须锁定制动,并采取可靠的稳固措施。

拖拉机通过铁路道口时,必须遵守下列规定:

(1)认真执行车辆通过交叉路口的有关规定,听从道口安全管理人员的指挥;通过设有道口信号装置的铁路道口时,要遵守道口信号的规定;做到"一慢、二看、三通过",严禁争道抢行。

(2)通过无信号或无人看守的道口时,须停车瞭望,确认安全后,方可通过,切不可使发动机熄火。

(3)通过前应检查机具挂接是否牢靠。通过时不得变速、制动和停车。

(4)横越铁路应挂低速挡,油门不能过小,以防熄火。

(5)不准在道口停留、倒车、超车、掉头。

476. 拖拉机通过村镇、学校时应注意什么?

(1)应提前减速缓行、鸣喇叭,以引起行人注意。并密切注视过往车辆、行人及牲畜的动态,谨慎驾驶。

(2)严防小孩、老人、小学生横穿道路,时刻提高警惕。

(3)严禁高速行驶和急转弯。

(4)履带式拖拉机通过村镇应有人护行。

477. 拖拉机夜间行驶时应注意什么?

夜间行驶时的光线不如白天,一般驾驶员的精力也不如白天,应控制好车速,谨慎驾驶。夜间作业,必须有完好、齐全的照明设备。

(1)要正确运用好灯光。夜间会车,双方在150米开外应将远光灯改为近光灯,主动靠右侧慢行。遇有迎面而来的非机动车辆和行人时,也应改远光灯为近光灯。

(2)驾驶员要注意积累夜间驾驶的经验,如发现远方路面有黑影,车到近处黑影消失,一般为路面上的浅坑,如黑影仍存在,则表明有较深的坑,应减速通过或下车勘察后通过;行驶中若灯光突然照射到公路一侧,一般表明正接近弯道处;如灯光照射的路面突然消失,可能是急转弯或下陡坡,此时应立即减速。

(3)夜间绝不允许开疲劳车,如稍感疲倦或眼睛视线不十分清楚,应马上找个适当的地方停车休息。否则,在对面来车灯光的照射下,极易发生事故。停车后,将拖拉机变速杆挂低挡,并锁定制动,用木块或石块等物塞住车轮,以防溜滑。

478. 拖拉机雾天行驶时应注意什么?

(1)冬天大雾天气,雾气易在挡风玻璃外形成小水珠而影响视线,雾天行车时,可间歇使用雨刮器,把挡风玻璃上因雾气凝成的小水珠刮干净,改善视线。将车窗打开一条缝,使车内外空气流通,温度保持一致,可避免挡风玻璃内凝结雾气;如果想用手擦去风挡上的雾气,请停车后擦拭,切忌边走边擦。

(2)冬天浓雾会使路面上形成薄冰,制动性能降低,极易产生侧滑,切不可急打方向盘、猛踏或快松加速踏板,以防侧滑。如果途中发生侧滑,切忌使用刹车,应立即降低车速,打方向盘修正行驶方向,待车辆中止侧滑后,再缓慢驶回正道。如果发生车轮空转打滑,可将车辆立即后倒,退出滑动地段后,另选新路线行驶。

(3)雾天出行,要注意减速,低速行驶,尽量把车速控制在能及时停车的范围内。车辆之间要加大车距,与前车保持足够的安全车距,防止碰撞、追尾,绝对不能超车,还须谨防右侧的自行车、行人。

(4)拖拉机在雾中行车,驾驶人应开启防雾灯、示宽灯、尾灯,严格遵循靠右侧通行的原则缓慢行驶。

(5)拖拉机在雾天行驶中要多鸣号,以引起行人、车辆注意。听到来车喇叭声时,应鸣号响应。会车时要亮、灭灯光示意,避免炫目而撞车;如对面来车车速较快,要主动减速让行,必要时靠边停车。雾天停车时,车要停靠在路边,驾乘人员要远离车身,并开启雾灯、示宽灯及尾灯。

479. 拖拉机驾驶员行车途中如何解除眼睛疲劳?

拖拉机驾驶员在行驶作业途中,有时会出现眼睛发酸发疼,流泪及视线不清等现象,这种现象称为眼睛疲劳。眼睛疲劳会导致视力下降,注意力分散,情绪躁动,并且容易造成错觉,极易引发行车事故。行车时出现眼睛疲劳,应尽快解除,其解除方法有:

(1)应立即停车休息,用冷水洗脸,然后在太阳穴处涂上些风油精或清凉油,闭目休息一会儿,同时打开车窗,通风换气。

(2)驾驶员停车后,可做一些松弛体操,先身体直立,向上举两臂,然后两臂放松,让全身轻轻地左右摆动,要求心静,双目轻闭。

(3)反复揉摩中指的穴位(即指尖正中),并用手指敲打左右眉中间处,能达到大脑清醒的效果。

(4)指压法,可使脑明眼清。做法是:双目轻闭,用中指按住眼睑,向上轻提3次,再在下眼窝向下按3次,然后用双中指从左右外眼角向太阳穴按压,反复3~4次,最后闭上眼睛,用中指按眼球,轻轻按10秒即可。

480.怎样封存保管拖拉机?

(1)停车存放时应趁热放出润滑油与冷却水,将燃油箱加满柴油,盖严加油口盖,用蜡烛熔滴将加油口盖上通气孔堵死。将传动用的三角皮带拆下,入库存放。车上若配装有蓄电池,应将其拆下,并按规定存放方法进行妥善保管。

(2)将机车外表泥土与油污清除干净。将发电机及灯具等电气设备拆下,送入干燥通风的室内保存,但不可与化肥、农药混放。

(3)若为小功率(单缸)拖拉机,用1.2千克机油加热至120摄氏度左右(大、中型拖拉机视油底壳机油容量适当增加),至机油中泡沫消失无水分时,加入曲轴箱,摇转曲轴数十圈,使机油分布于各摩擦表面,然后将余油放出。

(4)将少量机油注入进气道,摇转曲轴,使机油吸入气缸,附着于活塞顶、气缸壁、气门口等部位。最后将活塞摇至压缩行程上止点,使气门处于关闭位置,这样空气中水分与杂质就难以进入气缸。同时,气门弹簧处于放松状态(大、中型拖拉机可拧松摇臂轴座固定螺栓)。拆下气门室罩,将无水机油涂于配气机构机件上。

(5)使离合器、制动器踏板弹簧处于自由状态,以延长使用期限。支起车架,使轮胎离开地面,将轮胎内空气放出2/3。若不支车架,则应向轮胎打气，使轮胎气压略高于标准气压值，但每隔1个月左右须改变1次轮胎着地部位。

(6)用软木塞将排气管塞紧，用薄膜将加水口和各加油口包裹严密。将机器外部脱漆处或裸露出来的内部机件(如液压油缸活塞杆)涂上防锈油，或涂用机油与润滑脂加热拌匀的混合油。

(7)机车应存放在通风、干燥、比周围略高的场地上，有条件应尽量停放在棚内或室内，远离火源，并备有灭火器及沙袋等消防器具。

(8)停放若超过3个月，应按上法重新进行1次维护保养，并摇转曲轴数十圈，使各运动部件做维护性运转，以改换其静止状态的相对位置。

481. 怎样检查和调整喷油器?

(1)用喷油器试验器检查与调整。

喷射压力的检查与调整：将喷油器装在试验器上，均匀缓慢地压动泵油手柄，至喷油器开始喷油时，观察压力表上的读数是否符合规定的喷射压力值，不符合即应进行调整。拧进调压螺钉，喷油压力增加；拧出调压螺钉，喷油压力降低。调好后将锁紧螺母拧紧。

喷雾质量的检查：主要检验喷油器在规定的压力下，能否把柴油喷射成细散均匀的雾状油束。检查也在喷油器试验器上进行，以每分钟80～100次的速度压动泵油手柄，观察喷射的油束是否正常，其雾化质量应符合下述要求；①油束成细雾状，没有可见的油滴；②不偏射、散射；③断油干脆、敏捷；④多次喷射后，喷油器前端不应有滴油现象；⑤喷油锥角应符合规定。测试方法是将喷油器垂直向下，在离喷油器下200毫米处平放一张马粪纸，然后使喷油器在正常工作压力下喷射，测量马粪纸上的油痕直径，其直径应在14~42毫米。

(2)在发动机上检查与调整。用特制的三通管将需检查的喷油器与标准喷油器并联起来，安装到喷油泵的高压油管上，同时把其他各缸的高压油管松开，以防向各气缸内喷油。然后把油门放在最大位置，在减压情况下，起动电动机或手摇曲轴，等排出空气后，观察它们的喷油情况。如被试的喷油器先喷油，说明喷射压力太低；如被试的喷油器后喷油，说明喷射压力太高。这时应将其调整到与标准喷油器同时喷油为止。

482. 拖拉机液压悬挂装置中液压系统的形式有哪几种？各种形式的主要特点是什么？

根据液压部件的位置布置和组合方式的不同，滚压悬挂装置可分为整体式、分置式和半分置式三种。

(1)整体式。其特点是油泵、油缸、分配器等主要工作部件组合为一个整体，装在后桥壳体内。

(2)分置式。其特点是油泵、油缸、分配器等主要工作部件分别安装在拖拉机的不同部位，它们之间由钢管和橡胶管相连。

(3)半分置式。其特点是分配器、油缸、操纵机构等工作部件装在一个壳体内形成提升器，油泵则单独装在其他部位。

483. 拖拉机悬挂机具作业时，力、位调节怎样选择？

在土壤比阻变化小、土地平坦的田间作业时，要求限制一定的耕深，而不需自动调节深浅的情况下，应使用位调节。

在土壤比阻变化大、土地起伏不平的田间作业时，要求根据土壤阻力的变化自动调节耕深，以维持拖拉机的稳定负荷，并保护农具不致因阻力过大而损坏，应使用力调节。

484. 冬季怎样启动拖拉机？

(1)在气温较低，拖拉机启动困难时，应将油底壳的润滑油加温，但不能使用明火，在加温过程中同时摇转曲轴。

(2)用适宜的热水加入发动机。

(3)启动发动机时要适当增大供油量。

(4)用电起动机带动发动机时,先将减压杆放在减压位置,然后将启动开关旋到“预热”位置,接通电预热塞约10秒,再旋到“启动”位置,约5秒后除去减压,发动机启动后立即将启动开关旋回原位。如一次起动不了,应间歇30秒后再起动。

485. 拖拉机田间作业时必须遵守哪些安全规定?

(1)农具挂接要牢靠,悬挂农具上不准站人。

(2)拖带农具时不准高速行驶或急转弯。

(3)拖带农具通过村镇时,要有人护行,严防行进中有人爬车。

(4)作业中,在农具升起前不得转弯。

(5)农具升起时,若无可靠的锁紧或垫稳,不得在农具下面排除故障。

(6)机车未停稳时,不准清理农机具上的杂物。

(7)过沟、过埂、下坡时应低速小油门行驶。

(8)装置水田轮、整田轮作业的拖拉机越过高埂、上坡时应倒退行驶。

(9)喷洒农药时要防止农药中毒。

(10)不准在地头、田边睡觉。

486. 万向节的正确安装方法及注意事项有哪些?

万向节是将拖拉机的动力传递给旋耕机等机具的重要部件,工作中受力较大,如安装使用不当,容易损坏折断。现以驱动旋耕机为例,简介万向节的安装和使用注意事项。

在安装万向节时,方轴夹叉应装在旋耕机输入轴端,方套夹叉则装在拖拉机动力输出轴端。要注意使方轴夹叉和方套夹叉的开口都处在同一平面内,若方向装错了,工作时万向节会产生异常响声,而且旋耕机振动很大,容易引起万向节损坏。

万向节伸缩轴套应当保证旋耕机在最高位置时不脱落,在工作状态时不顶死。工作时万向节的倾斜角不得大于10度,地头转弯时,其倾斜角不得大于30度,并应降低转速。在作业中旋耕机不能提升过高,若提升中使万向节的倾角超过10度,会引起万向节损坏。一般提升时只要能使旋耕刀离开地面20厘米即可。为此,在开始旋耕作业前,应将液压操作手柄的最大提升位置调整好。

在机组起步时应先接合动力输出轴,再挂入适当的挡位,然后慢慢松开离合器,同时操纵液压手柄,使旋耕机刀片逐渐入土,接着加大油门,直至达到正常耕深后,再匀速行驶作业。禁止起步前旋耕机首先入土,也不要让拖拉机猛然起步。

要定期向万向节加注黄油,工作期间每个班次要加注黄油1次,保证万向节工作时得到充足的润滑。

487. 拖拉机发动机(柴油机)常见故障及产生原因有哪些?

(1)汽缸内压缩力不足,启动困难。主要现象是:烧机油排气管冒蓝烟,机油消耗增加,曲轴箱通气口处有大量烟雾状气体排出,柴油机功率下降。主要原因有:

①汽缸套、活塞、活塞环磨损,在压缩行程时漏气,汽缸内压缩力不足,启动困难。

②活塞环因积炭、结胶卡死在环槽内,大多数是因为柴油燃烧不完全,烧机油或所用的机油质量不合格所引起。

③由于安装不正确或因汽缸套磨损失圆后,活塞环自动调位引起活塞环对口。

④气门及气门座磨损,或气门卡住不关闭造成漏气,使压缩力不

足,但无烧机油、排气管冒蓝烟、机油消耗增加等现象。

(2)汽缸盖、汽缸体裂纹。主要现象是柴油机工作不稳定,功率下降,水箱内有气泡,油底壳机油中有水。一般是因机体温度变化过激或受热不均造成。主要原因有:

①先启动,后加水。这是错误的做法,应严格禁止。

②机温很高,水箱缺水时,猛加冷水。正确的做法是加热水,无热水时,应缓慢地加入冷水。

③冬季机体温度很高时,就放冷却水。正确做法是等温度降低后再放冷却水。

④冬季冷却水套内结冰,造成冻裂。冬季在没有保温条件,柴油机长时间不工作或过夜时,应放尽冷却水。

⑤水箱内水垢过厚,散热不良,水过脏,水道堵塞造成机体局部过热,而产生裂纹。

(3)柴油机烧轴瓦。主要现象是柴油机在运转过程中,突然冒一股黑烟,即自行灭火,再摇曲轴时很费力或摇不动。一般是破坏了正常的润滑条件所致。主要原因有:

①润滑系缺机油或机油质量不合格。

②机油滤清器和通往轴承的油道被杂物堵塞,轴承中缺少润滑油。一般是机油脏或未按时清洗机油滤清器造成。

③轴瓦间隙过小或过大。间隙过大,会使润滑油漏掉,油压降低,润滑不良。若间隙过小,轴颈与轴瓦之间润滑油量不足也会烧坏轴瓦。

(4)喷油器不喷油。主要现象是摇转曲轴时,听不到喷油声,柴油机不能起动。主要原因有:

①油箱内油面过低,油箱盖通气孔被堵塞。

②油路内有大量的空气或水;冬季采用不合格的柴油,柴油黏度大,造成柴油流动性差;柴油滤清器堵塞等。

③柱塞副或出油阀副严重磨损,供油压力下降。

(5)柴油雾化不良,起动困难。主要原因是喷油器偶件磨损,喷孔磨大,使油滴变粗,雾化质量变坏。

(6)排气管冒异烟。排气管冒烟的颜色,是判断柴油机工作是否正常的重要标志。

①排气管冒黑烟说明柴油燃烧不完全,原因在于:一是空气滤清器堵塞;二是气门间隙过大;三是气门与气门座磨损,汽缸与活塞环磨损;四是排气管积炭过多,以致堵塞,废气排不尽;五是喷油器偶件磨损,喷油压力降低,柴油雾化不良;六是供油量过大。

②排气管冒蓝烟说明烧机油,原因在于:一是空气滤清器内机油过多;二是油底壳内机油过多;三是汽缸活塞配合间隙过大,活塞环对口,活塞环卡死。

③排气管冒白烟说明柴油雾化不好,柴油机温度过低,柴油在汽缸内没有完全燃烧变成气体,或有水进入汽缸受热变成水蒸气。原因在于:一是燃油系统中有水;二是燃烧室内进水,如汽缸垫损坏,汽缸盖、汽缸体有轻微裂纹等;三是喷油器工作不正常,当排气管一阵一阵冒白烟时,说明喷油器滴油,大量冒白烟可能是喷油压力低,针阀卡死;四是刚启动时,柴油机温度过低,运转一段时间后,柴油机温度升高后,就不再冒白烟。

488.轮式拖拉机的轮距如何调整?

为了适应犁的耕幅或其他农具的工作宽度的配套性,轮式拖拉机的前、后轮的轮距皆可调整。前轮轮距的调整是通过伸长或缩短前桥上的横轴而达成的。除了前轮轮距的调整以外,还应注意保持前轮的前束。前轮的前束就是两个前轮的前端都向里收束一点儿，前轮的后端向外一点儿。两者间的相差因拖拉机不同而不同，一般为3~12毫米，可通过调整转向机构的横拉杆长度，来调整前轮前束。前轮前束的功能是保证拖拉机行驶的直线性。后轮轮距的调整方法可分为有级调节和无级调节两种。有级调节可通过翻转辐板和轮圈，以及改变辐板与轮圈凸耳左、右侧连接位置，而得到不同的轮距。无级调节，通常是使后轮轮毂在轮轴上轴向移动，以得到不同的轮距。由于轮轴长度的限制，轮距也只能在一定范围内进行无级调节。

489. 拖拉机运输作业时应注意哪些事项？

拖拉机运输作业时，除严格遵守交通法规、操作规程外，还应特别注意以下事项：

(1)起步前要观察周围情况，发出起步信号，排除不安全因素，确认安全后方可起步。不准强行挂挡，不准猛抬离合器踏板起步。手扶拖拉机起步时，不准在放松离合器手柄的同时操作转向手柄。

(2)挂接挂车时须低速挂接，辅助人员须避开拖拉机和挂车之间易碰撞和挤压的部位；拖拉机和挂车连接可靠，牵引卡的锁轴用锁销锁住，并加装保险链(可用钢丝绳代用)，行车前和运输途中停车时要检查保险链是否完好。拖拉机拖带的挂车必须要有可靠有效的制动装置，并经常保持制动正常有效。双轴挂车两轴之间须有防护网。只准一机一挂，小型拖拉机不准挂大、中型挂车。

(3)行驶作业前，检查拖拉机技术状态，油、水、气供给正常，各仪表读数正常，方向盘、刹车要灵活有效、作用正常。出车前、行车中、收车后要经常进行检查。轮式拖拉机在道路上行驶时，左右制动踏板须用锁板联锁在一起，严禁单边制动。正常行驶时，不准把脚放在离合器踏板上，不准用离合器来改变车速，不准在不摘挡的情况下踏着离合器与他人说话或做其他事。行驶中要尽量保持匀速前进，起步、停车要慢，避免拖拉机和挂车发生剧烈撞击。

（4）转弯时，由于挂车的行驶轨迹是在拖拉机的轮辙内侧，因此要尽量靠弯道外侧行驶，以保证挂车能安全通过，不得高速急转弯。

（5）驾驶室或驾驶台不准超员乘坐，不准放置有碍安全操作的物品，行驶中应尽量减少曲线行驶，遇到地面不平或有障碍物时，应提早避让或降低车速。

（6）上坡时根据坡度和装载情况提前选择好适当挡位，应避免在坡道中途换挡。

（7）下坡时也要提前选好挡位，以便安全有效地利用发动机制动。如果挡位过高，发动机制动力不够；挡位过低，制动力过大，可能会引起轮胎滑移，以致失去控制，容易导致翻车事故，有时还会因转速过高而损坏机件。下坡途中还应根据车速变化情况，利用制动器间歇控制车速，但也不要过分频繁持续地使用制动器，以免烧损制动器摩擦片。需要紧急制动时，应同时踩下离合器踏板。下坡时禁忌中途换挡，更不能分离离合器、空挡溜坡或熄火滑行。

（8）要在坡道上临时停车时，要先踩制动器，随后用联锁块锁住制动器。需要长时间坡道停车时，一定要在轮胎下垫好三角木或石块等，并挂上与拖拉机行驶方向相反的挡位。

（9）坡中起步时，要在接合离合器的同时，松开制动器，同时熟练掌握油门的配合与控制。

（10）拖拉机调头时，应选择较宽、较平的路段，保持良好的视线并随时准备采取有效措施。

（11）会车时要选择适当地点，在会车前减速，会车中稍微加速使拖拉机与挂车拉成直线，减少挂车摆动。超车时要充分考虑挂车长度，不可过早驶入正常路线。

(12)挂车装载不能超载、超高、超宽，符合装载规定。单轴挂车前部不能装得过重。

(13)轮胎单边打滑时，可使用差速锁帮助越过打滑区，但此时不能转向。

(14)通过较窄路段或有障碍物时，要充分考虑挂车及装载的宽度和通过性。拖拉机在通过窄路、滑道、弯道、交叉路口及桥梁、涵洞时不准高速行驶，车辆列队行驶时，各车之间要保持足够的安全距离。

490.道路行驶时，拖拉机驾驶员不得有哪些行为？

(1)不得在车门、车厢没有关好时行驶作业。

(2)不得在驾驶室的前后窗范围内悬挂、放置妨碍驾驶人视线的物品。

(3)禁止拨打和接听手机等妨碍安全驾驶的行为。

(4)不得在下坡时发动机熄火或者空挡滑行。

(5)不得向道路上抛撒物品。

(6)禁止驾驶手扶拖拉机双手离开手扶把或者在手扶把上悬挂物品。

(7)不得连续驾驶超过4小时未停车休息或者停车休息时间少于20分钟。

(8)不得在禁止鸣喇叭的区域或者路段鸣喇叭。

491.拖拉机作业机组过沟渠、田埂时应注意什么？

(1)过沟渠。对一般深而宽的沟渠，应先填平或用平板铺垫后再通过；浅而窄的沟渠可用低速挡斜驶通过，即拖拉机机身与沟渠成一定斜角，让拖拉机左右前轮和左右后轮依次通过以减轻机车振动冲击，若受地形所限必须直驶通过时，则先让前轮缓缓下沟，然后加油门让前轮上沟再让后轮缓缓下沟,最后再加大油门让后轮上沟。若拖拉机牵引农具,应先将农具调到最高运输位置;悬挂农具时,应调整限位链,防止农具左右摇摆,并压下油缸定位阀,以免油管内产生高压冲击而爆裂;后轮越沟时,不得猛抬离合器踏板,以防拖拉机翘头。手扶拖拉机过沟时,应用跳板铺垫或填平沟渠。

(2)过田埂。一般较低的田埂可直驶或斜驶通过,通过方法与过沟渠相似,若田埂较高且陡,或拖拉机从较低的梯田向较高的梯田转移,应先在田埂上填土垡、石块等,或用平板引导,用低挡缓缓通过,以免拖拉机翘头或纵向翻车。下田埂时,或从较高的田块向较低的田块转移时,也应在田埂下垫上合适物体或铺垫平板引导,悬挂农具的应用前进挡低速下田埂。

492.拖拉机的安全操作注意事项有哪些?

使用拖拉机前要详细阅读使用说明书,按说明书的要求操作。新拖拉机要进行磨合试运转。要经常保持三不滴(油、水、气)、四净(油、水、气、机件),各部位调整正确,安全装置齐全有效。拖拉机起步要平稳,尽量不采用牵引起步,作业中要经常注意仪表指位、运转声音、排气颜色是否正常。根据工作负荷选用档次,保证适当的作业速度,避免长期超负荷作业或怠速运转。路上运行速度要适中,任何情况下不允许高速急转弯。作业中遇发动机飞车时要采取断油、带负荷刹车、堵进气管、减压等办法使发动机熄火。拖拉机停车后要及时熄火,冬季长时间停车时要放净冷却水。斜坡停放时要制动锁定,长期存放应有车库(棚)。

参考文献

[1]吴官聚,杨志义.新编耕种收获机械使用维修.北京:机械工业出版社,2001

[2]王泽南,畜禽饲养机械使用与维修.合肥:安徽科学技术出版社,2004

[3]刘贞富,耿效华.新编农产品加工机械使用维修.北京:机械工业出版社,2001

[4]李长明,郭刚编,新编排灌植保机械使用维修.北京:机械工业出版社,2001

[5]农业部农业机械化管理司,农民农机技术人员必读.南京:东南大学出版社,1990